現場で使える！

PyTorch（パイトーチ）開発入門

深層学習モデルの作成とアプリケーションへの実装

杜世橋 著

本書内容に関するお問い合わせについて

このたびは翔泳社の書籍をお買い上げいただき、誠にありがとうございます。
弊社では、読者の皆様からのお問い合わせに適切に対応させていただくため、以下のガイドラインへのご協力をお願い致しております。
下記項目をお読みいただき、手順に従ってお問い合わせください。

●ご質問される前に

弊社Webサイトの「正誤表」をご参照ください。これまでに判明した正誤や追加情報を掲載しています。

正誤表　https://www.shoeisha.co.jp/book/errata/

●ご質問方法

弊社 Web サイトの「刊行物Q&A」をご利用ください。

刊行物 Q&A　https://www.shoeisha.co.jp/book/qa/

インターネットをご利用でない場合は、FAXまたは郵便にて、下記翔泳社愛読者サービスセンターまでお問い合わせください。電話でのご質問は、お受けしておりません。

●回答について

回答は、ご質問いただいた手段によってご返事申し上げます。ご質問の内容によっては、回答に数日ないしはそれ以上の期間を要する場合があります。

●ご質問に際してのご注意

本書の対象を越えるもの、記述個所を特定されないもの、また読者固有の環境に起因するご質問等にはお答えできませんので、予めご了承ください。

●郵便物送付先および FAX 番号

送付先住所　〒160-0006　東京都新宿区舟町 5
FAX 番号　03-5362-3818
宛先　㈱翔泳社 愛読者サービスセンター

※本書に記載されたURL等は予告なく変更される場合があります。
※本書の対象に関する詳細はvページをご参照ください。
※本書の出版にあたっては正確な記述につとめましたが、著者や出版社などのいずれも、本書の内容に対してなんらかの保証をするものではなく、内容やサンプルに基づくいかなる運用結果に関してもいっさいの責任を負いません。
※本書に掲載されているサンプルプログラムやスクリプト、および実行結果を記した画面イメージなどは、特定の設定に基づいた環境にて再現される一例です。
※本書に記載されている会社名、製品名はそれぞれ各社の商標および登録商標です。
※本書の内容は、2018年8月執筆時点のものです。

PREFACE はじめに

深層学習 (Deep Learning)、ニューラルネットワーク。これらは機械学習、特に画像処理（Computer Vision、CV）や自然言語処理（Natural Language Processing、NLP)、音声認識などへの応用分野で最もホットな話題です。IT分野に携わっていなくてもこれらの言葉はどこかで聞いたことがあるという読者の方も多数いるかと思います。特に近年ではAIや人工知能というキーワードと結び付き、やや誇張され気味ですが、急速に知名度が上がっているようにも感じられます。

深層学習やニューラルネットワークに興味を持ち、自分でも触ってみたいと思って学習をはじめたところ、それらの誇張されたイメージと実際の数式だらけの世界との間に乖離を感じ、どこから学習をはじめればよいのかわからないということも多いのではないでしょうか。

本書ではニューラルネットワークの基礎である線形モデルからスタートして、ニューラルネットワークなどを含めた確率モデルの学習の基本的な原理を説明します。次にPyTorch（パイトーチ）を使用して、実際に自分でプログラムを作り、手を動かして理解を深めてもらうことを目的としています。

線形モデルという、とても大事な基礎の部分以外は極力数式を使用せずにコードと実例で説明するように心がけています。対象として単純なデータの識別、画像の分類、生成、文章の分類と生成、翻訳、そしてレコメンデーションなど、幅広い応用を例題として取り上げ、実際にデータを使用して動いているものを見ることで理解を実感してもらえるように工夫しています。

本書ではPyTorchというPythonのフレームワークを使用します。Pythonというプログラミング言語は今やデータサイエンス分野で最も使用される言語になって久しいですが、深層学習においてもそれは同様です。

深層学習のPythonのライブラリとしては、Google社が主に開発しているTensorFlow（テンソルフロー）というフレームワークが最も有名ですが、シンボルを多用したプログラミングスタイルで初学者には取っ付きにくいという意見もあります。その一方でPyTorchはFacebook社が中心となって開発しているオープンソースのプロジェクトで、動的ネットワークという仕組みを採用し、通常のPythonのプログラムと全く同様に容易にニューラルネットワークを構築できるため、急速に支持が広まってきています。特に海外の研究者らの支持が厚く、最新の研究がすぐにPyTorchで実装されてGitHubで公開されるというのが当たり前になってきています。まだまだ日本語での情報は少ないですが、このようにPyTorchはシンプルで使いやすい上に最新の研究成果がすぐに利用できるので、深層学習を学び、そのままサービスに利用したいという人には最適のフレームワークだと考えられます。

本書を通じて、読者の皆様が少しでもニューラルネットワークや深層学習、あるいは機械学習全般に興味を持ち、実際に自分の仕事で活かせられれば幸いです。

2018年9月吉日

杜 世橋

INTRODUCTION

本書の対象読者と必要な事前知識

本書はニューラルネットワークや深層学習について詳しくは知らないものの、「興味があって何に使えるのか知りたい」「実際に自分で動かしてみたい」という読者を対象としています。本書を読むにあたり、次のような知識がある読者の方を前提としています。

- 基礎的なLinuxの操作
- 基礎的なPythonのプログラミング経験
- 関数や微分、ベクトルや行列の掛け算等の初等数学の知識（高校3年から大学1年レベル）
- （あれば尚可）NumPyの使用経験
- （使用するならば）クラウド上での仮想マシンの作成

PyTorch MEMO参照の公式サイトとチュートリアル、ドキュメントは以下のWebサイトで確認できます。本書で登場するPyTorchの関数の細かい仕様などは、随時ドキュメントで確認してください。また、チュートリアルも本書を読み終わった後で結構ですので、ぜひ目を通してください。

- **PyTorch公式サイト**
  URL http://pytorch.org/

- **PyTorch Tutorials**
  URL http://pytorch.org/tutorials/

- **PyTorch documentation**
  URL http://pytorch.org/docs/

MEMO

PyTorch（パイトーチ）

深層学習が広まりはじめた初期の頃にはTorchという（スクリプト言語の）Luaから使用できるフレームワークがありました。PyTorchは確かにこのTorchと同じバックエンドのコードを使用していますが、実際にTorchを触ったことがなくても全く問題ありません。

INTRODUCTION

本書の構成

本書は次のように前半（第1章から第3章）と後半（第4章から第7章）で構成されています。

第1章では、PyTorchのパッケージ構成を俯瞰して、どのような機能があるのかを大雑把に整理すると共に、TensorというPyTorchの最も基本的なデータ構造を実際に触ります。

第2章では、線形モデルを扱います。線形モデルを学習する仕組みはニューラルネットワークでも全く同様に利用できるため、非常に重要です。前半は本書で唯一、数式を使用して理論を説明しています。後半では実際にPyTorchを使用して線形回帰モデルとロジスティック回帰モデルを実装して実際のデータに対してパラメータを学習しています。

第3章では、いよいよニューラルネットワークを扱います。ここでは最も基本的なニューラルネットワークである多層パーセプトロンを実際にPyTorchを使用して作成します。第2章と第3章で学んだことは、続く第4章、第5章、第6章の基礎になります。

第4章では、畳み込みニューラルネットワーク（Convolutional Neural Network、CNN）を利用した画像処理を扱います。CNNを利用した単純な画像を分類するだけでなく、低解像度の画像を高解像度に変換したり、あるいはDCGAN（Deep Convolutional Generative Adversarial Networks）を使用して新規に画像を生成したりするプログラムを作っていきます。また、転移学習という、事前に違うデータセットで学習済みのモデルを自分のデータセットにうまく転用する方法も紹介します。

第5章では、回帰型ニューラルネットワーク（Recurent Neural Networks、RNN）を利用した自然言語処理を扱います。RNNを利用した文章の分類、文章生成の他に2つのRNNネットワークを結合したEncoder-Decoderモデルを使用して英語とスペイン語の翻訳にもチャレンジします。

第6章では、ニューラルネットワークを利用した推薦（レコメンド）システムの構築を扱います。画像や自然言語などの代表的な応用例以外にも、ニューラルネットワークが様々な分野に応用できるということと同時に、PyTorch自体もニューラルネットワーク以外に様々なモデルを記述できることを見ていきます。

第7章では、PyTorchを実際のアプリケーションに組込む方法を紹介します。Pythonのメリットとして機械学習分野とWeb分野両方のライブラリが充実しているということが挙げられます。ここではPyTorchとWebアプリケーションフレームワークのFlaskを使用してWeb APIを実際に作り、それをDocker MEMO参照 を使用してパッケージングする方法を学びます。また、ニューラルネットワークの最新規格であるONNX（Open Neural Network Exchange）を利用してPyTorchで作成したモデルを他の深層学習のフレームワークでも利用する方法も紹介します。

MEMO

Docker（ドッカー）

Dockerはコンテナ型仮想化技術で最もよく使用されるツールです。コンテナ型の仮想環境はVirtualBoxやVMwareなどと比べて起動時間、メモリ、ディスク、処理速度などあらゆる面でオーバーヘッドが極めて小さいという利点があります。
また、DockerfileというテキストファイルでDokcerイメージの作成を管理できるため、GitHubなどで共有しやすいというメリットもあります。
Dockerは非常にシンプルないくつかのコマンドでコンテナを簡単に利用できるようにしています。本書の**第7章**ではDockerを利用したWebAPIのパッケージングについて説明しています。

まずは本書の**第1章**から**第3章**までを読み、その後に**第4章**から**第7章**までの中で興味のある章という順番で読み進めてください。**第7章**は**第4章**で作成したモデルを使用しますが、特に**第4章**の知識が必要なわけではありません。

なお、本書で使用するもので著者が独自に集めたデータや学習済みモデルなどは以下のGitHubのレポジトリで公開しています。質問や誤りの訂正等もここにissueを立てていただければ可能な限り対応するよう努力します。

- **PyTorch-Book**
  URL https://github.com/lucidfrontier45/PyTorch-Book

About the SAMPLE

本書のサンプルの動作環境とサンプルプログラムについて

本書の各章のサンプルは表1の環境で、問題なく動作することを確認しています。

表1 実行環境

項目	内容
OS	Ubuntu 16.04
CPU	Intel Core i7 7700K
メモリ	16GB
GPU	NVIDIA GeForce GTX 1060 (6GB)
Python	3.6
PyTorch	0.4
開発環境	Miniconda3

付属データのご案内

付属データ（本書記載のサンプルコード）は、以下のサイトからダウンロードできます。

- **付属データのダウンロードサイト**
  URL https://www.shoeisha.co.jp/book/download/9784798157184

注意

付属データに関する権利は著者および株式会社翔泳社が所有しています。許可なく配布したり、Webサイトに転載したりすることはできません。

付属データの提供は予告なく終了することがあります。あらかじめご了承ください。

会員特典データのご案内

会員特典データは、以下のサイトからダウンロードして入手いただけます。

- **会員特典データのダウンロードサイト**
  URL https://www.shoeisha.co.jp/book/present/9784798157184

注意

会員特典データをダウンロードするには、SHOEISHA iD（翔泳社が運営する無料の会員制度）への会員登録が必要です。詳しくは、Webサイトをご覧ください。

会員特典データに関する権利は著者および株式会社翔泳社が所有しています。許可なく配布したり、Webサイトに転載したりすることはできません。

会員特典データの提供は予告なく終了することがあります。あらかじめご了承ください。

免責事項

付属データおよび会員特典データの記載内容は、2018年8月現在の法令等に基づいています。

付属データおよび会員特典データに記載されたURL等は予告なく変更される場合があります。

付属データおよび会員特典データの提供にあたっては正確な記述につとめましたが、著者や出版社などのいずれも、その内容に対してなんらかの保証をするものではなく、内容やサンプルに基づくいかなる運用結果に関してもいっさいの責任を負いません。

付属データおよび会員特典データに記載されている会社名、製品名はそれぞれ各社の商標および登録商標です。

著作権等について

付属データおよび会員特典データの著作権は、著者および株式会社翔泳社が所有しています。個人で使用する以外に利用することはできません。許可なくネットワークを通じて配布を行うこともできません。個人的に使用する場合は、ソースコードの改変や流用は自由です。商用利用に関しては、株式会社翔泳社へご一報ください。

2018年8月
株式会社翔泳社　編集部

CONTENTS

Chapter 4 画像処理と畳み込みニューラルネットワーク 061

Chapter 5 自然言語処理と回帰型ニューラルネットワーク 107

Prologue 開発環境の準備

ここでは、本書におけるPCの検証環境と、開発に必要なソフトウェアのインストール方法を解説します。

0.1 本書の検証環境

本書の検証環境を解説します。

0.1.1 OS環境：Ubuntu 16.04

筆者はUbuntu 16.04を使用して本書の内容を検証し、執筆しました。

PyTorchに限らず機械学習やデータ分析を扱う場合は、Ubuntuが最良の環境であると筆者は考えておりますので基本的にUbuntu 16.04を前提として進みます。

なお、PyTorchはv0.4からWindowsもサポートするようになりました。Windowsや macOSを利用する場合もインストールの仕方はUbuntuとほぼ同様です。後で説明するようにMinicondaを使用すると便利です。以下のDockerのイメージをDockerHubで公開していますので、手軽に早く試したい場合はこちらを使用するのもいいでしょう。

- **DockerHub**
  URL https://hub.docker.com/r/lucidfrontier45/pytorch/

0.1.2 NVIDIA社のGPU

また、第4章から第6章にかけての内容は重たい計算を含んでおりますのでCUDA MEMO参照 が使用できるNVIDIA社のGPUが必要になります。CPUでも進めることはできますが、最大で計算時間が10倍ほどかかる可能性がありますのでGPUの利用を推奨します。筆者はGeForce GTX 1060（6GB）というGPUを使用しており、3万円ほど（本書執筆2018年8月時点）で買えるものです。

MEMO

CUDA（クーダ）

CUDAはNVIDIA社が提供しているGPU用の科学計算プラットフォームで、専用のコンパイラやライブラリで構成されています。CUDAはC言語で記述できるだけでなく、行列計算やFFT（Fast Fourier Transform：高速フーリエ変換）などのよく使用されるライブラリも充実しており、cuDNNという深層学習用のライブラリも近年では提供されています。著名な深層学習のフレームワークはすべてCUDAをサポートしています。

0.1.3 クラウドでGPU搭載のインスタンスを起動する

手元のPCにどうしてもGPUを搭載できない場合はAWS（Amazon Web Services）やAzure、GCP（Google Cloud Platform）などのクラウドでGPU搭載のインスタンスを起動するという方法もあります。

大体1時間で1ドルくらいですのでお手軽に試せる範囲内だと思います。なお、実際にインストールするPyTorchはCUDAを含んでいますので、NVIDIA社のドライバのみがインストールされていれば利用できます。apt-getなどで`nvidia-<version>`となっているパッケージをインストールすれば完了です。筆者は`nvidia-384`を使用して検証しています。

コンソールモードに移行して以下のコマンドを実行します（筆者の環境の場合）。

[Ubuntu端末]

```
$ sudo apt-get install nvidia-384
$ sudo reboot
```

ドライバがインストールされたことを以下のコマンドで確認できます。

[Ubuntu端末]

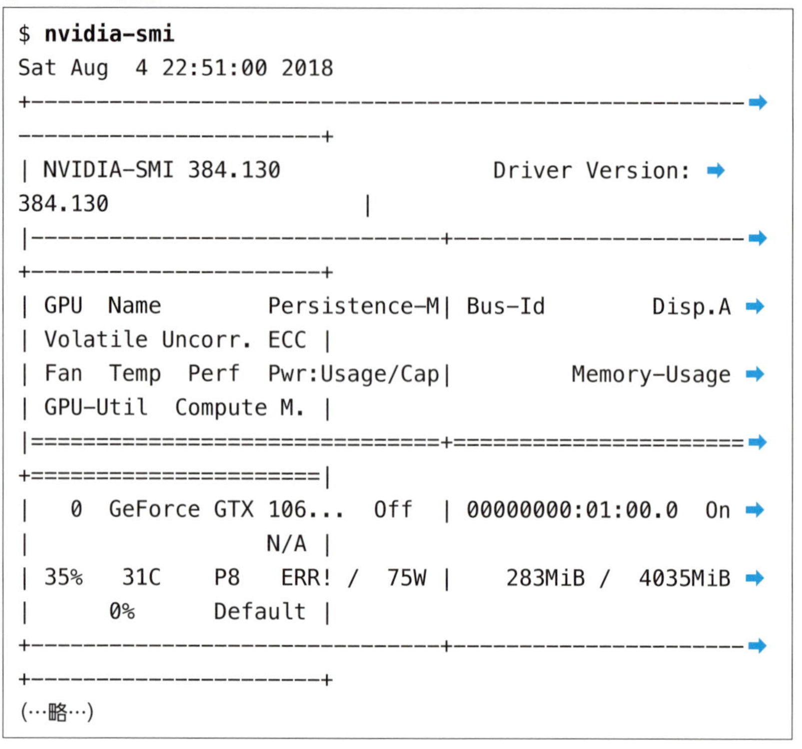

```
$ nvidia-smi
Sat Aug  4 22:51:00 2018
+-----------------------------------------------------------------------------➡
----------------------+
| NVIDIA-SMI 384.130                        Driver Version: ➡
384.130                |
|-------------------------------+----------------------➡
+----------------------+
| GPU  Name        Persistence-M| Bus-Id        Disp.A ➡
| Volatile Uncorr. ECC |
| Fan  Temp  Perf  Pwr:Usage/Cap|         Memory-Usage ➡
| GPU-Util  Compute M. |
|===============================+======================➡
+======================|
|   0  GeForce GTX 106...  Off  | 00000000:01:00.0  On ➡
|                  N/A |
| 35%   31C    P8    ERR! /  75W |    283MiB /  4035MiB ➡
|      0%      Default |
+-------------------------------+----------------------➡
+----------------------+
(…略…)
```

0.2 開発環境の構築

本書の開発環境の構築方法を紹介します。

0.2.1 Minicondaのインストール

Pythonの開発環境は、Minicondaというディストリビューションを使用します。以下のURLからLinux用の64bitのPython 3.6以降のものをダウンロードします（図0.1→図0.2❶❷→図0.3）。ここでは「Miniconda3-latest-Linux-x86_64.sh」をダウンロードします。

- **Miniconda**
  URL https://conda.io/miniconda.html

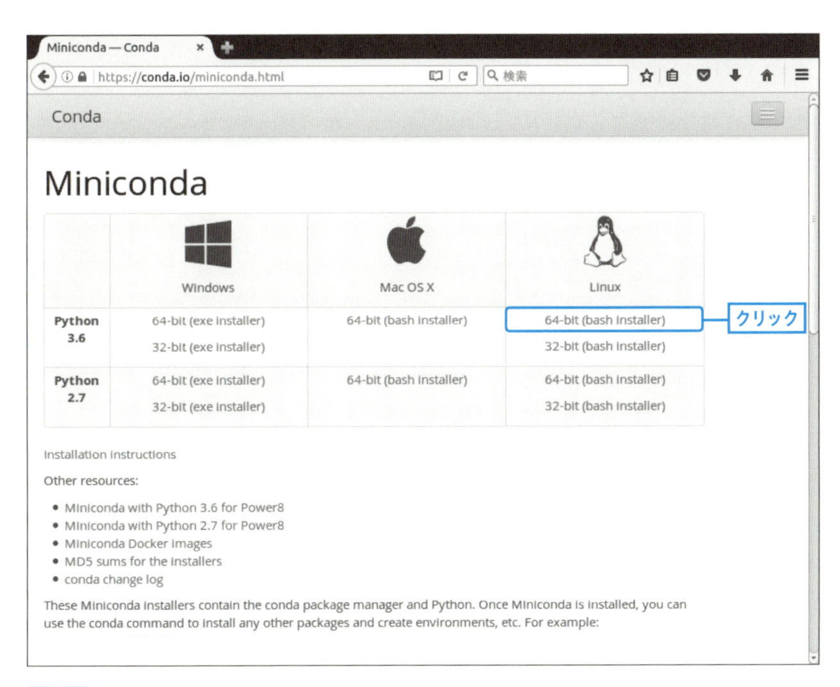

図0.1 MinicondaのWebサイト

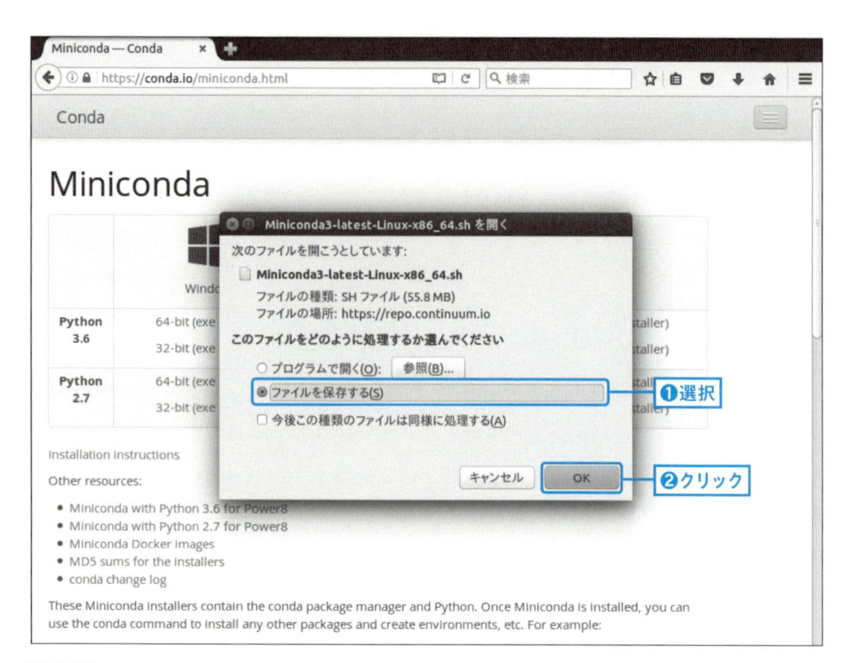

図0.2 Minicondaのダウンロード（この画面の後の保存画面は省略）

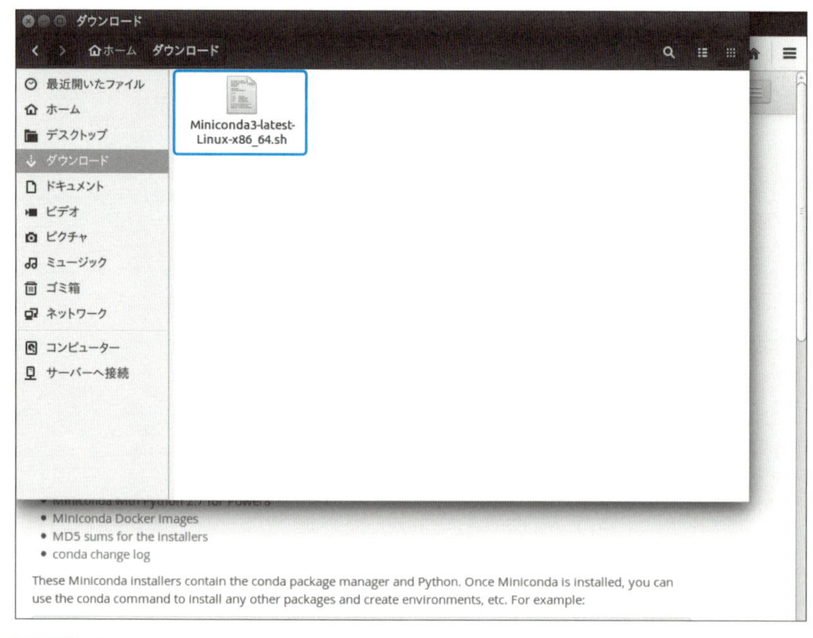

図0.3 ダウンロードファイルの確認

ファイルをダウンロードしたら端末を起動して、以下のコマンドを実行します。

[Ubuntu端末]

```
$ cd /home/(ユーザー名)/(ダウンロードディレクリ)  ダウンロードディレクトリに移動
$ sh Miniconda3-latest-Linux-x86_64.sh  ダウンロードファイルの実行
Irder to continue the installation process, ➡
please review the licenseagreement.
Please, press ENTER to continue.  [Enter] キーを押す
```

するとMoreという箇所でライセンスが表示されるので、[スペース] キーを押して読み進めます。

ライセンスの許諾では以下のように「yes」を入力して [Enter] キーを押します。

[Ubuntu端末]

```
Do you accept the license terms? [yes|no]
[no] >>>  「yes」を入力し [Enter] キーを押す
```

インストール先を確認するメッセージが表示されるので、変更がない場合は [Enter] キーを押します。本書では/home/(ユーザー名)/miniconda3の環境でインストールしています。

[Ubuntu端末]

```
Miniconda3 will now be installed into this location:
/home/(ユーザー名)/miniconda3

  - Press ENTER to confirm the location
  - Press CTRL-C to abort the installation
  - Or specify a different location below

[/home/(ユーザー名)/miniconda3] >>>  [Enter] キーを押す
```

パスを指定してインストールするかどうかを確認するメッセージが表示されますので、「yes」を入力して [Enter] キーを押します。

[Ubuntu端末]

```
Do you wish the installer to prepend the Miniconda3 ➡
install location
to PATH in your /home/ (ユーザー名) /.bashrc ? [yes|no]
[no] >>> ——「yes」を入力し [Enter] キーを押す
```

インストールが終了したら、exitコマンドで端末を閉じます。

[Ubuntu端末]

```
 For this change to become active, you have to open a ➡
new terminal.
Thank you for installing Miniconda3!
$ exit
```

0.2.2 仮想環境を構築する

Minicondaを使用するとプロジェクトごとの仮想環境を構築できます。

具体的には次のコマンドを順番に実行してPyTorch用の仮想環境を構築します。なお、本書はPyTorch v0.4で動作を確認しています。

まずPytorch用の仮想環境を以下のコマンドで作成します。

[Ubuntu端末]

```
$ /home/ (ユーザー名) /miniconda3/bin/conda create -n ➡
pytorch python=3.6
Proceed ([y]/n)? ——「y」を入力して [Enter] キーを押す
Downloading and Extracting Packages
sqlite-3.24.0       |  1.8 MB | ########################### | 100%
openssl-1.0.2o      |  3.4 MB | ########################### | 100%
python-3.6.6        | 29.4 MB | ########################### | 100%
Preparing transaction: done
Verifying transaction: done
Executing transaction: done
#
# To activate this environment, use:
# > source activate pytorch
#
```

```
# To deactivate an active environment, use:
# > source deactivate
#
```

Pytorchの仮想環境を以下のコマンドで起動します。

[Ubuntu端末]

```
$ source /home/（ユーザー名）/miniconda3/bin/activate pytorch
(pytorch) $
```

定番のデータ分析ライブラリ、Pandas、jupyter、matplotlib、scipy、scikit-learn、pillow、tqdm、cythonを以下のコマンドでインストールします。

[Ubuntu端末]

```
(pytorch) $ conda install pandas jupyter matplotlib \
> scipy scikit-learn \
> pillow tqdm cython
Proceed ([y]/n)? ――「y」を入力して［Enter］キーを押す
(…中略…)
Preparing transaction: done
Verifying transaction: done
Executing transaction: done
```

次にPyTorch v0.4を以下のコマンドでインストールします。

[Ubuntu端末]

```
(pytorch) $ conda install pytorch=0.4 torchvision -c ➡
pytorch// ――PyTorch v0.4を指定
Proceed ([y]/n)? ――「y」を入力して［Enter］キーを押す
(…中略…)
Preparing transaction: done
Verifying transaction: done
Executing transaction: done
```

第7章で使用するWeb API関連のライブラリ、flask、smart_getenv、gunicornを以下のコマンドでインストールします。

[Ubuntu端末]

```
(pytorch) $ pip install flask smart_getenv gunicorn
Successfully installed Werkzeug-0.14.1 click-6.7 ➡
flask-1.0.2 gunicorn-19.9.0 itsdangerous-0.24 ➡
smart-getenv-1.1.0
You are using pip version 10.0.1, however version 18.0 ➡
is available.
You should consider upgrading via the 'pip install ➡
--upgrade pip' command.
```

第7章で使用するcaffe2を以下のコマンドでインストールします。

[Ubuntu端末]

```
(pytorch) $ conda install -c caffe2 caffe2 protobuf
Proceed ([y]/n)? ――「y」を入力して［Enter］キーを押す
(…中略…)
Preparing transaction: done
Verifying transaction: done
Executing transaction: done
```

第7章で使用するonnx関連を以下のコマンドでインストールします。

[Ubuntu端末]

```
(pytorch) $ sudo apt install git build-essential g++ cmake
(pytorch) $ pip install git+https://github.com/onnx/➡
onnx.git@307995b1439e478122780ffc9d4e3ee8910fb7ad
Successfully built onnx
Installing collected packages: typing-extensions, onnx
Successfully installed onnx-1.2.1 typing-extensions-3.6.5
```

インストールして次回以降利用する場合

今後使用する際は、必ず以下のコマンドを実行してください。

[Ubuntu端末]

```
$ source /home/（ユーザー名）/miniconda3/bin/activate pytorch
```

Jupyter Notebookについて

Jupyter NotebookというブラウザでインタラクティブにPythonを操作できるプログラムも、仮想環境を構築する過程でインストールされます。

本書のコードを実行するにあたってはJupyter Notebookを利用することをお勧めします。Jupyter Notebookを起動する際は端末で以下のように順番にコマンドを実行します。

まず事前にノートブックファイルを保存するディレクトリを以下のコマンドで作成します。

[Ubuntu端末]

```
$ cd /home/（ユーザー名）/
$ mkdir notebooks
```

次にJupyter Notebookを以下のコマンドで起動します。

[Ubuntu端末]

```
$ jupyter notebook --port=8888 --ip="0.0.0.0" \
                  --notebook-dir=notebooks
```

PCの場合、上記のコマンドでブラウザが立ち上がり、そのまま使用できます。

仮想マシンやクラウドなどで利用している場合は、実際のIPアドレスとターミナルに表示されているトークンを合わせたURLを手元のPCのブラウザに打ち込んでアクセスします。

その他、Google社のColaboratoryというJupyter Notebookの無料のクラウドサービスを使用するという方法もあります。こちらについてはAppendix 2にまとめてありますので必要に応じて参照してください。

CHAPTER 1

PyTorchの基本

この章ではPyTorchのパッケージ構成の全体像を眺めた後、基本的なデータ構造であるTensorの扱い方、そしてこのライブラリのコアの1つであるautogradを使用した自動微分の使い方を説明していきます。

1.1 PyTorchの構成

まずはPyTorchのパッケージ構成の全体像を紹介します。表1.1のパッケージを以降使用していきますが、概要だけ理解できれば大丈夫です。

1.1.1 PyTorchの構成の全体像

PyTorchの構成は表1.1のようになります。

表1.1 PyTorchのパッケージ構成

構成内容	説明
torch	メインのネームスペースでTensorや様々な数学関数がこのパッケージに含まれる。NunPyの構造を模している
torch.autograd	自動微分のための関数が含まれる。自動微分のon/offを制御するコンテキストマネージャのenable_grad/no_gradや独自の微分可能関数を定義する際に使用する基底クラスであるFunctionなどが含まれる
torch.nn	ニューラルネットワークを構築するための様々なデータ構造やレイヤーが定義されている。例えばConvolutionやLSTM、ReLUなどの活性化関数やMSELossなどの損失関数も含まれる
torch.optim	確率的勾配降下（SGD）を中心としたパラメータ最適化アルゴリズムが実装されている
torch.utils.data	SGDの繰り返し計算を回す際のミニバッチを作るためのユーティリティ関数が含まれている
torch.onnx	ONNX（Open Neural Network Exchange）の形式でモデルをエクスポートするために使用する。ONNXは様々な深層学習のフレームワーク間でモデルを共用するための新しいフォーマット

活性化関数、損失関数、SGDなどの用語は聞き慣れないかもしれませんが、第2章と第3章で説明します。また、ONNXについては第7章で登場します。

1.2 Tensor

ここではTensorというPyTorchの最も基本となるデータ構造とその機能を説明します。

Tensorはその名の通りテンソル、つまり多次元配列を扱うためのデータ構造です。NumPyのndarrayとほぼ同様のAPIを有しており、それに加えてGPUによる計算もサポートしています。Tensorは各データ型に対して定義されており、例えば32bitの浮動小数点数でしたらtorch.FloatTensorを、64bitの符号付き整数でしたらtorch.LongTensorを使用します。

また、GPU上で計算する場合はtorch.cuda.FloatTensorなどを使用します。なお、TensorはFloatTensorのエイリアスです。いずれの型のTensorでもtorch.tensorという関数で作成することができます。

1.2.1 Tensorの生成と変換

Tensorを作る方法はたくさんあり、torch.tensor関数に入れ子構造の多次元のlistやndarrayを渡す方法以外にNumPyと同様にarange、linspace、logspace、zeros、onesなどの定数で作る関数が用意されています。リスト1.1ではいくつかのTensorの生成の例を示しています。

リスト1.1 Tensorの生成例
(以降言及のないリストはすべてJupyter Notebookの入力と出力)

In

```
import numpy as np
import torch

# 入れ子のlistを渡して作成
t = torch.tensor([[1, 2], [3, 4.]])

# deviceを指定することでGPUにTensorを作成する
t = torch.tensor([[1, 2], [3, 4.]], device="cuda:0")
```

```
# dtypeを指定することで倍精度のTensorを作る
t = torch.tensor([[1, 2], [3, 4.]], dtype=torch.float64)

# 0から9までの数値で初期化された1次元のTensor
t = torch.arange(0, 10)

# すべての値が0の100×10のTensorを
# 作成し、toメソッドでGPUに転送する
t = torch.zeros(100, 10).to("cuda:0")

# 正規乱数で100×10のTensorを作成
t = torch.randn(100, 10)

# Tensorのshapeはsizeメソッドで取得可能
t.size()
```

Out

```
torch.Size([100, 10])
```

TensorはNumPyのndarrayに簡単に変換できます。ただし、GPU上のTensorはそのままでは変換できず、一度CPU上に移す必要があります(リスト1.2)。

リスト1.2 Tensorの変換例

In

```
# numpyメソッドを使用してndarrayに変換
t = torch.tensor([[1, 2], [3, 4.]])
x = t.numpy()

# GPU上のTensorはcpuメソッドで、
# 一度CPUのTensorに変換する必要がある
t = torch.tensor([[1, 2], [3, 4.]], device="cuda:0")
x = t.to("cpu").numpy()
```

1.2.2 Tensorのインデクシング操作

Tensorはndarrayと同様のインデクシング操作をサポートしています。
配列A[i,j]のi、jを添字（インデクス：Index）と言いますが、これを指

定して配列の値を取得したり、あるいは変更したりすることを「インデクシング操作」と言います（リスト1.3）。スカラーによる指定の他にスライス、添字のリスト、ByteTensorによるマスク配列 MEMO参照 での指定をサポートしています。

リスト1.3 Tensorのインデクシング操作例

In

```
t = torch.tensor([[1,2,3], [4,5,6.]])

# スカラーの添字で指定
t[0, 2]

# スライスで指定
t[:, :2]

# 添字のリストで指定
t[:, [1,2]]

# マスク配列を使用して3より大きい部分のみ選択
t[t > 3]

# [0, 1]要素を100にする
t[0, 1] = 100

# スライスを使用した一括代入
t[:, 1] = 200

# マスク配列を使用して特定条件の要素のみ置換
t[t > 10] = 20
```

MEMO

マスク配列

マスク配列とは元の配列を同じサイズで各要素がTrue/Falseになっている配列のことを言います。例えば`a = [1,2,3]`のような配列があると`a > 2`という操作で`[False, False, True]`のようなマスク配列が作成できます。

1.2.3 Tensorの演算

Tensorは四則演算や数学関数、線形代数計算などが可能であり、ndarrayの代わりに使用することが可能です。特に行列積や特異値分解 MEMO参照 などの線形代数計算はGPUが使用可能ということもあって大規模なデータの場合にはNumPy/SciPyを使用するよりもはるかによいパフォーマンスを示すことが多々あります。

MEMO

特異値分解

特異値分解(Singular Value Decomposition、SVD)は線形代数でよく使用される計算であり、行列AをUSVのように3つの行列の積に分解する計算です。UとVは直交行列、Sは対角成分のみの正方行列です。最小二乗法を解く際や、行列の近似・圧縮などに利用されます。

四則演算はTensor同士かTensorとPythonのスカラーの数値との間でのみ可能です。Tensorとndarrayとでは演算がサポートされていないことに注意してください。

また、Tensor同士の場合も同じ型である必要があります。例えばFloatTensorとDoubleTensorの演算はエラーになります。四則演算はndarrayと同様にブロードキャストが適用され、ベクトルとスカラーや行列とベクトル間の演算でも自動的に次元が補間されます。ブロードキャスト可能なshapeの組み合わせに関する詳細なルールはNumPyの公式リファレンス MEMO参照 に詳しく書いてありますので必要に応じて参照してください。以下にベクトルや行列についていくつかの例を示します(リスト1.4)。

リスト1.4 Tensorの演算

In

```
# 長さ3のベクトル
v = torch.tensor([1, 2, 3.])
w = torch.tensor([0, 10, 20.])
# 2 × 3の行列
m = torch.tensor([[0, 1, 2], [100, 200, 300.]])
```

```
# ベクトルとスカラーの足し算
v2 = v + 10
# 累乗も同様
v2 = v ** 2
# 同じ長さのベクトル同士の引き算
z = v - w
# 複数の組み合わせ
u = 2 * v - w / 10 + 6.0

# 行列とスカラー
m2 = m * 2.0
# 行列とベクトル
#(2, 3)の行列と(3,)のベクトルなのでブロードキャストが働く
m3 = m + v
# 行列同士
m4 = m + m
```

MEMO

ブロードキャスト

- **SciPy.org：Broadcasting**
  URL https://docs.scipy.org/doc/numpy-1.13.0/user/basics.broadcasting.html

PyTorchはTensorに対して様々な数学関数を用意しています。abs、sin、cos、exp、log、sqrtなどのようにTensorの全要素に作用するものの他にsum、max、min、mean、stdなどの集計関数も用意されていますのでndarrayと同様に使用できます。また、Tensorに対して作用する関数の大部分はTensorのメソッドとしても提供されています（リスト1.5）。

リスト1.5 数学関数

In

```
# 100 × 10のテストデータを用意
X = torch.randn(100, 10)

# 数学関数を含めた数式
y = X * 2 + torch.abs(X)
```

```
# 平均値を求める
m = torch.mean(X)
# 関数ではなく、メソッドとしても利用できる
m = X.mean()
# 集計結果は0次元のTensorでitemメソッドを使用して、
# 値を取り出すことができる
m_value = m.item()
# 集計は次元を指定できる。以下は行方向に、
# 集計して列ごとに平均値を計算している
m2 = X.mean(0)
```

数学関数以外にもTensorの次元を変更するviewやTensor同士を結合するcatやstack、次元を入れ替えるtやtransposeもよく使用します。

viewはndarrayのreshape関数と全く同様です。

catは異なる特徴量を含んだ複数のTensorをまとめる際に用います。

transposeは行列の転置以外に画像データのデータ形式をHWC（縦、横、色）の順番からCHW（色、縦、横）に並べ替える際などにも使用できます（リスト1.6）。

リスト1.6 Tensorのインデクシング操作例

In

```
x1 = torch.tensor([[1, 2], [3, 4.]]) # 2×2
x2 = torch.tensor([[10, 20, 30], [40, 50, 60.]]) # 2×3

# 2×2を4×1に見せる
x1.view(4, 1)
# -1は残りの次元を表し、一度だけ使用できる
# 以下の例では-1とすると自動的に4になる
x1.view(1, -1)

# 2×3を転置して3×2にする
x2.t()

# dim=1に対して結合することで2×5のTensorを作る
torch.cat([x1, x2], dim=1)

# HWCをCHWに変換
```

```
# 64×32×3のデータが100個
hwc_img_data = torch.rand(100, 64, 32, 3)
chw_img_data = hwc_img_data.transpose(1, 2).transpose(1, 3)
```

線形代数は表1.2のような演算子が使用でき、リスト1.7のような演算ができます。特に大きな行列積や特異値分解など、計算量の多いものはGPU上で実行することで大幅な計算時間短縮が期待できます。

表1.2 線形代数の演算子

演算子	説明
dot	ベクトルの内積
mv	行列とベクトルの積
mm	行列と行列の積
matmul	引数の種類によって自動的にdot、mv、mmを選択して実行
gesv	LU分解による連立方程式の解
eig、symeig	固有値分解。symeigは対称行列用のより効率のよいアルゴリズム
svd	特異値分解

リスト1.7 演算の例

In

```
m = torch.randn(100, 10)
v = torch.randn(10)

# 内積
d = torch.dot(v, v)

# 100 × 10の行列と長さ10のベクトルとの積
# 結果は長さ100のベクトル
v2 = torch.mv(m, v)

# 行列積
m2 = torch.mm(m.t(), m)

# 特異値分解
u, s, v = torch.svd(m)
```

1.3 Tensorと自動微分

ここではTensorと自動微分について解説します。

Tensorにはrequires_gradという属性があり、これをTrueにすることで自動微分を行うフラグが有効になります MEMO参照 。ニューラルネットワークを扱う場合、パラメータやデータはすべてこのフラグが有効になっています。

requires_gradが有効なTensorに対して様々な演算を積み重ねていくことで計算グラフが構築され、backwardメソッドを呼ぶと、その情報から自動的に微分を計算することができます。以下では、

$$y_i = \mathbf{a} \cdot \mathbf{x_i}, \quad L = \sum_i y_i$$

で計算されるLをa_kについて微分をしてみます。

このシンプルな例では解析的に解けて、

$$\frac{\partial L}{\partial a_k} = \sum_i x_{ik}$$

となりますが、これを自動微分で求めてみます（リスト1.8）。

MEMO

自動微分とVariable

PyTorch 0.3以前は自動微分を使用するためにはVariableというクラスでTensorをラップする必要がありましたが、0.4からはTensorとVariableが統合されました。

リスト1.8 自動微分

In

```
x = torch.randn(100, 3)
# 微分の変数として扱う場合はrequires_gradフラグをTrueにする
a = torch.tensor([1, 2, 3.], requires_grad=True)

# 計算をすることで自動的に計算グラフが構築されていく
y = torch.mv(x, a)
o = y.sum()

# 微分を実行する
o.backward()

# 解析解と比較
a.grad != x.sum(0)
```

Out

```
tensor([ 0,  0,  0], dtype=torch.uint8)
```

In

```
# xはrequires_gradがFalseなので微分は計算されない
x.grad is None
```

Out

```
True
```

このように解析解と自動微分で求めた微分が一致することが確認できました。このようなシンプルな例では特に自動微分のメリットを感じづらいですが、ニューラルネットワークのように複雑な関数で微分のチェインルールが連続するようなケースでは非常に重要な機能になります。

1.4 まとめ

本章で解説した内容をまとめました。

Tensor は NumPy の ndarray と同様に使用できる多次元配列であり、GPU での計算もサポートしていて大規模な行列の計算などに威力を発揮します。

Tensor は自動で微分を計算することができ、ニューラルネットワークの最適化で重要になります。

CHAPTER 2

最尤推定と線形モデル

この章ではニューラルネットワークや深層学習の基礎である最尤推定と線形モデルについて説明し、最もよく用いられる線形モデルとして線形回帰とロジスティック回帰を通してPyTorchの使い方を見ていきます。
この章は数式を使った理論の説明がやや多くなりますが、逆にこれを理解すればニューラルネットワークに限らず様々な確率モデルの最も重要なフレームワークを理解したことになります。この章以降はほとんど数式は登場しませんので、少しの間辛抱して読み進めてください。

2.1 確率モデルと最尤推定

ここでは確率モデルと最尤推定について解説します。

確率モデルと最尤推定は非常に多くの機械学習のモデルで登場する最も重要なフレームワークです。ニューラルネットワークもこのフレームワークを利用しています。

確率モデルとは次のように変数xがパラメータθを持つある確率分布$P(x|\theta)$から生成されていると仮定しているモデルを指します。

$$x \sim P(x|\theta)$$

$P(x|\theta)$としては例えばxが連続変数の場合は正規分布、

$$\mathcal{N}(x|\mu,\sigma^2) = \frac{1}{\sqrt{2\pi\sigma^2}}\exp\left[-\frac{(x-\mu)^2}{2\sigma^2}\right]$$

離散変数、特にコイントスなどのように$[0,1]$の場合はベルヌーイ分布、

$$B(x|p) = p^x(1-p)^{1-x}$$

などが挙げられます。

ある互いに独立なN個のデータ$X=(x_0, x_1, ...)$が与えられた時、以下のように各データの確率関数の値の積をθの関数とすると、これはθの尤(もっと)もらしさとなり、尤度(ゆうど)（Likelihood）と呼ばれます。

$$L(\theta) = \prod_n P(x_n|\theta)$$

尤度は確率モデルで最も重要な量であり、尤度を最大にするようなパラメータθを求めることを**最尤推定**(さいゆうすいてい)（Maximum Likelihood Estimation、MLE）と言います。

通常は計算のしやすさなどから対数尤度の形で扱われます。

$$\ln L(\theta) = \sum_n \ln P(x_n|\theta)$$

例えば正規分布の期待値パラメータμの最尤推定は、次のように対数尤度をμについて偏微分し、微分が0になる方程式を解くことで行えます。結果としては期待値パラメータμの最尤推定はすべてのxの平均値となります。

$$\begin{aligned}\ln L(\theta) &= -\frac{N}{2}\ln 2\pi\sigma^2 - \frac{1}{2\sigma^2}\sum_n (x_n-\mu)^2 \\ \frac{\partial}{\partial\mu}\ln L(\theta) &= -\frac{1}{\sigma^2}\sum_n (x_n-\mu) = 0 \\ \mu &= \frac{1}{N}\sum_n x_n = \bar{x}\end{aligned}$$

同様にベルヌーイ分布についてもpの最尤推定を解くと次のようになります。ここで$x=1$の個数をMとすると、

$$\begin{aligned}\sum_n x_n &= M \\ \ln L(\theta) &= \sum_n x_n \ln p + (1-x_n)\ln(1-p) \\ &= N\ln p + (N-M)\ln(1-p) \\ \frac{\partial}{\partial p}\ln L(\theta) &= -\frac{M}{p} + \frac{N-M}{1-p} = 0 \\ p &= \frac{M}{N}\end{aligned}$$

となり、pは$x=1$の回数の割合という結果になります。

2.2 確率的勾配降下法

この節では最尤推定を実際に数値的に解く方法として最もよく利用される勾配降下法とその発展形の確率的勾配降下法を説明します。

対数尤度関数の微分が0になる方程式に解析解がない場合には、数値的に最適化をしていきます。また、この分野では一般的にある目的関数を最小化することを目的とします。このように最小化する場合の目的関数は**損失関数**（Loss Function）とも呼ばれます。そのため、対数尤度関数を最大化するのではなく、符号を反転したものを最小化することが目的になります。

$$\theta_{MLE} = \mathrm{argmin}_{\theta} E(\theta)$$
$$E(\theta) = -\ln L(\theta)$$

こういった微分可能な関数の数値最適化を解く最もシンプルな方法は勾配降下法（Gradient Descent）と呼ばれるもので、以下のように勾配（微分係数）を利用して繰り返し最適化していく方法です。

$$\theta^{t+1} = \theta^{t} - \gamma \frac{\partial}{\partial \theta} E(\theta^{t})$$

ここでγは学習率パラメータで正の値です。学習率が大きいと損失関数の減少も速いですが、うまく収束せずに振動してしまう可能性があります。

一方、学習率が小さいと損失関数の減少が遅く、収束するまでに何回も計算が必要になります。特に対数尤度関数のように目的関数が同じ形の関数の和に分解できる時にはすべての値を使用するのではなく、ランダムに一部の値（ミニバッチ）のみを使用する確率的勾配降下（Stochastic Gradient Descent、以下、SGDと呼ぶ）やその亜種が利用でき、ビッグデータなどデータが多い場合に非常に効果的であることが知られています。

$$E(\theta) = \sum_{n} E_n(\theta)$$
$$\theta^{t+1} = \theta^t - \gamma \sum_{n \in batch} E_n(\theta)$$

この勾配降下法と自動微分を組み合わせることで、何と「複雑な尤度関数でもシステマティックに最適化できてしまう」ということになります。

2.3 線形回帰モデル

ここでは代表的な確率モデルである線形回帰モデルについて説明します。ニューラルネットワークも実は線形回帰モデルの拡張であり、これが理解できればニューラルネットワークも難しくありません。

2.3.1 線形回帰モデルの最尤推定

線形回帰（Linear Regression）モデルは複数の変数から1つ、または複数の値を予測するための手法です。次のような式で表されます。

$$y = \mathbf{a} \cdot \mathbf{x} + b + \epsilon = \sum_i a_i x_i + b + \epsilon$$

ここで$\mathbf{x}$は独立変数や特徴量と言い、yは予測したい目的変数、a、bがモデルのパラメータ（回帰係数）、ϵは正規分布$N(0, \sigma^2)$に従う誤差項です。xからyを予測することが目的です。特にyとして連続変数を扱うため、「回帰問題」と呼ばれます。変数$\mathbf{x}$に1も含めて、$(1, x_1, x_2, \cdots)$のように表すことで、切片項bも回帰係数$\mathbf{a}$に含めることができ、次のように簡潔な式になります。

$$y = \mathbf{a} \cdot \mathbf{x}$$

線形回帰モデルは目的変数yがパラメータ$\mathbf{a}$の1次式で表せることからこの名前が付いています。一方、線形回帰モデルは確率モデルでもあり、次のようにも表せます。

$$y \sim \mathcal{N}(x | \mathbf{a} \cdot \mathbf{x}, \sigma^2)$$

確率モデルのパラメータを求めるには2.1節で扱った最尤推定の出番です。N個のデータが与えられた時、線形回帰モデルの対数尤度関数は以下のようになります。

$$\ln L(\mathbf{a}) = -\frac{N}{2}\ln 2\pi\sigma^2 - \frac{1}{2\sigma^2}\sum_n (y_n - m_n)^2$$

$$m_n = \sum_i a_i x_{ni}$$

$\mathbf{a}$で微分を作る時に意味がある項だけ残すと、実際には次のように平均二乗誤差（Mean Squared Error、MSE）を最小化するという問題になります。

$$E(\mathbf{a}) = \sum_n E_n(\mathbf{a}) = \frac{1}{N}\sum_n (y_n - \mathbf{a}_n \cdot \mathbf{x}_n)^2$$

この$E(\mathbf{a})$をSGD最小化させることで、モデルの$\mathbf{a}$を最尤推定することができます。これで理論的背景は整いましたので、次はいよいよPyTorchを用いて線形回帰モデルのパラメータ推定を行います。また、次章以降のためにニューラルネットワークとして見た時の線形回帰モデルを図2.1に示します。

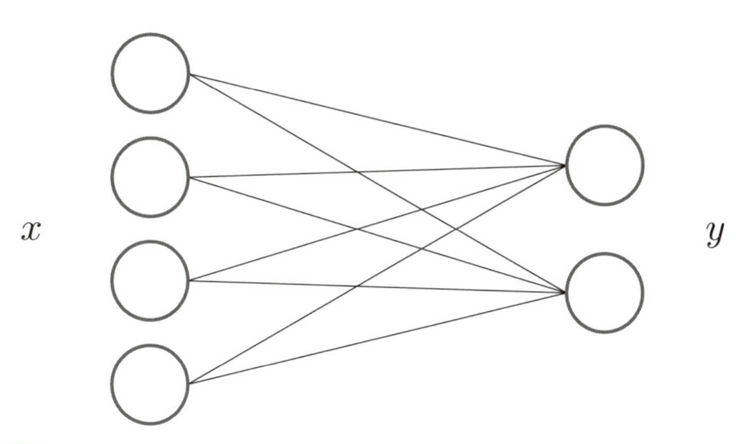

図2.1 線形回帰モデルのネットワーク図。特徴量xの複数の次元を足し合わせてyの予測値を作っている。この例では4次元のxから2次元のyに変換している

2.3.2 PyTorchで線形回帰モデル（from scratch）

それでは早速PyTorchを使って線形回帰モデルのパラメータを求めていきましょう。次のように2変数のモデルを考えます。

$$y = 1 + 2x_1 + 3x_2$$

リスト2.1のコードではテストデータを生成し、パラメータを学習するための変数を準備しています。

リスト2.1 テストデータを生成してパラメータを学習するための変数を準備

In

```
import torch

# 真の係数
w_true = torch.Tensor([1, 2, 3])

# Xのデータの準備。切片を回帰係数に含めるため、
# Xの最初の次元に1を追加しておく
X = torch.cat([torch.ones(100, 1), torch.randn(100, 2)], 1)

# 真の係数と各Xとの内積を行列とベクトルの積でまとめて計算
y = torch.mv(X, w_true) + torch.randn(100) * 0.5

# 勾配降下で最適化するためのパラメータのTensorを
# 乱数で初期化して作成
w = torch.randn(3, requires_grad=True)

# 学習率
gamma = 0.1
```

データや変数の準備ができましたので勾配降下法でパラメータを最適化しましょう（リスト2.2）。

リスト2.2 勾配降下法でパラメータを最適化

In

```
# 損失関数のログ
losses = []

# 100回イテレーションを回す
for epoc in range(100):
    # 前回のbackwardメソッドで計算された勾配の値を削除
    w.grad = None

    # 線形モデルでyの予測値を計算
    y_pred = torch.mv(X, w)

    # MSE lossとwによる微分を計算
    loss = torch.mean((y - y_pred)**2)
    loss.backward()

    # 勾配を更新する
    # wをそのまま代入して更新すると異なるTensorになって
    # 計算グラフが破壊されてしまうのでdataだけを更新する
    w.data = w.data - gamma * w.grad.data

    # 収束確認のためにlossを記録しておく
    losses.append(loss.item())
```

最適化が正しく行われたかどうかは、損失関数が収束しているかどうかで確認できます。Jupyter Notebookを使っている読者でしたら、リスト2.3のようにしてmatplotlibでプロットし、すぐに確認できます。

リスト2.3 matplotlibでプロット

In

```
%matplotlib inline
from matplotlib import pyplot as plt
plt.plot(losses)
```

Out

```
[<matplotlib.lines.Line2D at 0x7f7240847a90>]
# 図2.2を参照（X、yが乱数を含んでいるので縦軸の数値は変化します）
```

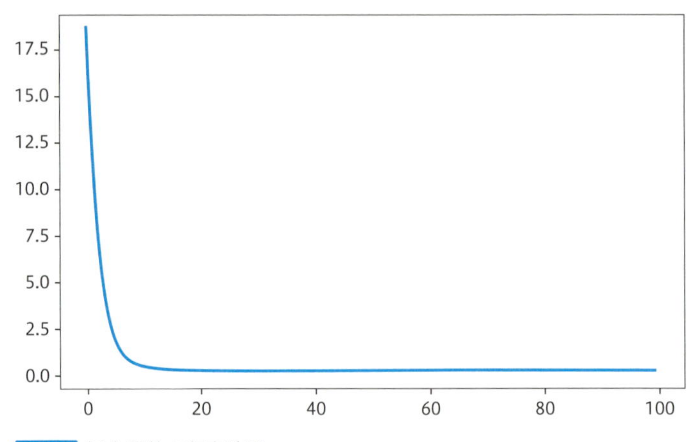

図2.2 損失関数の収束確認

このようにイテレーションを進めるに従い、損失関数の値が小さくなって一定値に収束しているので最適化が正しく行われていることが確認できました。また、実際に求められた回帰係数も確認してみましょう（リスト2.4）。なおプログラム上、乱数を含んでいるので数値は変化します。

リスト2.4 回帰係数の確認

In

```
w
```

Out

```
tensor([ 1.0241,  1.9560,  2.9386])
```

正しく$\mathbf{a}=(1,2,3)$が学習できていました。

 2.3.3 PyTorchで線形回帰モデル（nn、optimモジュールの使用）

2.2節では自動微分を使う以外はモデルの構築や勾配降下の計算をすべて自分で行っていましたが、これらはニューラルネットワークを解く上で共通の操作ですので、PyTorchにはこれらをシンプルに書くためのモジュールが含まれています。

モデルの構築は`torch.nn`、最適化は`torch.optim`に含まれます。これらを使うと線形回帰モデルはさらにシンプルに書けます。リスト2.5を見ていきましょう。

リスト2.5 線形回帰モデルの構築と最適化の準備

In

```
from torch import nn, optim

# Linear層を作成。今回は切片項は回帰係数に含めるので
# 入力の次元を3とし、bias(切片)をFalseにする
net = nn.Linear(in_features=3, out_features=1, bias=False)

# SGDのオプティマイザーに上で定義したネットワークの
# パラメータを渡して初期化
optimizer = optim.SGD(net.parameters(), lr=0.1)

# MSE lossクラス
loss_fn = nn.MSELoss()
```

`nn.Linear`はその名の通り、線型結合を計算するためのクラスで、回帰係数や切片項などのパラメータを含んでいます。また、`nn.Linear`は第3章で詳しく紹介する`nn.Module`のサブクラスで、SGDなどのオプティマイザーと連携したり、学習結果のパラメータを保存したりするなど様々な機能を備えています。

`nn.MSELoss`はその名の通りMSEを計算するためのクラスです。MSEくらいの単純な損失関数でしたら自分自身で書いてもたいした手間はかかりませんが、せっかくPyTorchにあるので使いましょう。以上で準備は完了です。

次に最適化のイテレーション（繰り返しループ）を回しましょう（リスト2.6）。

リスト2.6 最適化のイテレーション（繰り返しループ）を回す

In

```
# 損失関数のログ
losses = []

# 100回イテレーションを回す
for epoc in range(100):
    # 前回のbackwardメソッドで計算された勾配の値を削除
    optimizer.zero_grad()

    # 線形モデルでyの予測値を計算
    y_pred = net(X)

    # MSE lossを計算
    # y_predは(n,1)のようなshapeを持っているので(n,)に直す必要がある
    loss = loss_fn(y_pred.view_as(y), y)

    # lossのwによる微分を計算
    loss.backward()

    # 勾配を更新する
    optimizer.step()

    # 収束確認のためにlossを記録しておく
    losses.append(loss.item())
```

このようにモデルの定義、最適化アルゴリズム、損失関数にPyTorchの関数を用いることで、より簡潔なコードになりました。収束したモデルのパラメータを確認してみましょう（リスト2.7）。なおプログラム上、乱数を含んでいるので出力の数値は変化します。

リスト2.7 収束したモデルのパラメータを確認

In

```
list(net.parameters())
```

Out

```
[Parameter containing:
 tensor([[ 1.0241,  1.9560,  2.9386]], requires_grad=➡
True)]
```

リスト2.4と同じ結果になりました。ばっちりです！

2.4 ロジスティック回帰

もう１つの有名な線形モデルとしてロジスティック回帰（Logistic Regression）という分類問題を解くモデルを説明していきます。

2.4.1 ロジスティック回帰の最尤推定

ロジスティック回帰は名前に回帰と付いていますが、実は分類のための線形モデルです。線形回帰は目的変数yが連続値でしたが、ロジスティック回帰ではyは$[0, 1]$の離散値で、２クラスの分類問題になります。

変数の線型結合はそのままでは$[-\infty, \infty]$までの間で任意の値を取れてしまうため、ロジスティック回帰では線型結合をとった後に、さらにシグモイド関数$\sigma(x)$を作用させて$[0, 1]$の間の値に変換します。

$$h = \mathbf{a} \cdot \mathbf{x},\ z = \sigma(h) = \frac{1}{1 + e^{-h}}$$

シグモイド関数は図2.3のようなS字カーブを描きます。

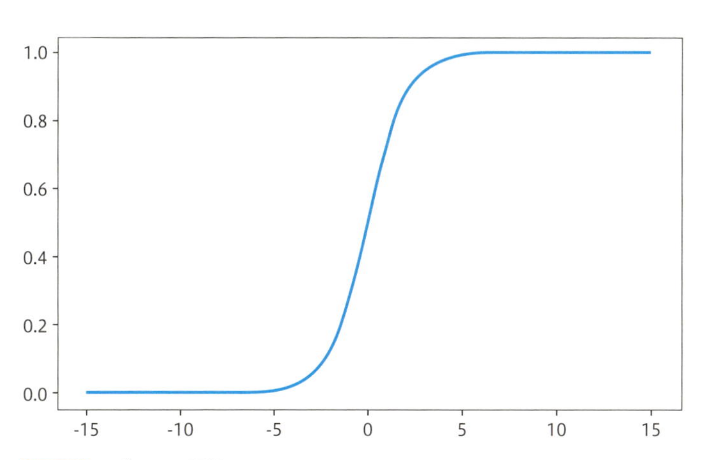

図2.3 シグモイド関数

線形回帰モデルと同様、ロジスティック回帰も確率モデルです。このモデルではyがパラメータzのベルヌーイ分布に従うと仮定します（$y \sim B(z)$）。そのため、最尤推定に使うための損失関数は、2.1節で登場したベルヌーイ分布の尤度の式と比べると次のようにクロスエントロピー（Cross Entropy）と呼ばれる量になります。

$$E(\mathbf{a}) = -\sum_n y_n \ln z_n + (1 - y_n) \ln(1 - z_n)$$

この損失関数を$\mathbf{a}$について微分するのは少し式の変形が大変ですが、幸いなことに我々にはPyTorchの自動微分があります。次項から見ていきましょう。

 2.4.2 PyTorchでロジスティック回帰

ここではクラス分類でよく利用されるIris（あやめの花）のデータセットを用いて、ロジスティック回帰を試してみましょう。irisのデータセットは リスト2.8 のようにしてscikit-learn MEMO参照 に含まれているものを使用します。

MEMO

scikit-learn

大部分がPythonで記述されたオープンソースの機械学習ライブラリ。
NumPyやSciPyとも連動して利用できます。

リスト2.8 irisのデータセットの準備

In

```
from sklearn.datasets import load_iris
iris = load_iris()

# irisは(0,1,2)の3クラスの分類問題なのでここでは
# (0,1)の2クラス分のデータだけを使用する
# 本来は訓練用とテスト用に分けるべきだがここでは省略
X = iris.data[:100]
y = iris.target[:100]

# NumPyのndarrayをPyTorchのTensorに変換
X = torch.tensor(X, dtype=torch.float32)
y = torch.tensor(y, dtype=torch.float32)
```

次にモデルを作っていきます（リスト2.9）。

リスト2.9 モデルの作成

In

```
# irisのデータは4次元
net = nn.Linear(4, 1)

# シグモイド関数を作用させ、2クラス分類の、
# クロスエントロピーを計算する関数
loss_fn = nn.BCEWithLogitsLoss()
```

```
# SGD(少し大きめの学習率)
optimizer = optim.SGD(net.parameters(), lr=0.25)
```

線形回帰の場合と異なるのは、損失関数だけで後は全く同じですので、同様にパラメータ最適化のイテレーションを回しましょう（リスト2.10）。

リスト2.10 パラメータ最適化のイテレーションを回す

In

```
# 損失関数のログ
losses = []

# 100回イテレーションを回す
for epoc in range(100):
    # 前回のbackwardメソッドで計算された勾配の値を削除
    optimizer.zero_grad()

    # 線形モデルでyの予測値を計算
    y_pred = net(X)

    # MSE lossとwによる微分を計算
    loss = loss_fn(y_pred.view_as(y), y)
    loss.backward()

    # 勾配を更新する
    optimizer.step()

    # 収束確認のためにlossを記録しておく
    losses.append(loss.item())
```

In

```
%matplotlib inline
from matplotlib import pyplot as plt
plt.plot(losses)
```

Out

```
[<matplotlib.lines.Line2D at 0x7f72290dee10>]
#  図2.4 を参照（X、yが乱数を含んでいるので縦軸の数値は変化します）
```

損失関数は 図2.4 のように収束しています。

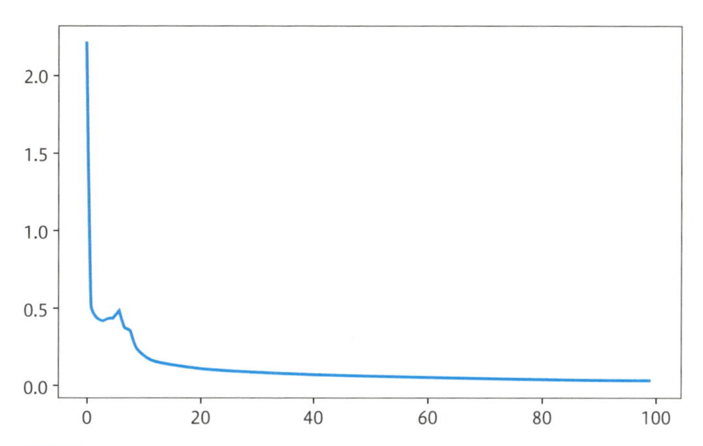

図2.4 ロジスティック回帰の収束の様子

予測は リスト2.11 のように記述して行います。

リスト2.11 モデルの作成

In

```
# 線型結合の結果
h = net(X)

# シグモイド関数を作用させた結果はy=1の確率を表す
prob = nn.functional.sigmoid(h)

# 確率が0.5以上のものをクラス1と予想し、それ以外を0とする
# PyTorchにはBool型がないので対応する型としてByteTensorが出力される
y_pred = prob > 0.5

# 予測結果の確認（yはFloatTensorなのでByteTensor
# に変換してから比較する）
(y.byte() == y_pred.view_as(y)).sum().item()
```

Out（出力に伴う警告メッセージは割愛）

```
100
```

100個のサンプルを正しく分類できました。

2.4.3　多クラスのロジスティック回帰

ロジスティック回帰は2クラスだけでなく、多クラスの分類問題にも拡張できます。詳しい数学は機械学習の教科書にゆずることにしますが、行うこととしては線型結合層の出力を1次元でなくクラス数分の次元にし、損失関数をソフトマックスクロスエントロピーというクロスエントロピー関数の多クラス版で置き換えるだけです。

scikit-learnに含まれる0-9までの10種類の手書きの数字のデータセットで試してみましょう（リスト2.12）。

リスト2.12　10種類の手書きの数字のデータセットの分類問題

In

```
from sklearn.datasets import load_digits
digits = load_digits()

X = digits.data
y = digits.target

X = torch.tensor(X, dtype=torch.float32)
# CrossEntropyLoss関数はyとしてint64型のTensorを受け取るので注意
y = torch.tensor(y, dtype=torch.int64)

# 出力は10（クラス数）次元
net = nn.Linear(X.size()[1], 10)

# ソフトマックスクロスエントロピー
loss_fn = nn.CrossEntropyLoss()

# SGD
optimizer = optim.SGD(net.parameters(), lr=0.01)
```

以上でデータとモデルの準備は完了です。学習のイテレーション部分は基本的には2クラスの場合とほぼ同じですが、loss関数への引数の渡し方だけは注意してください（リスト2.13）。

リスト2.13 学習のイテレーション部分

In

```
# 損失関数のログ
losses = []

# 100回イテレーションを回す
for epoc in range(100):
    # 前回のbackwardメソッドで計算された勾配の値を削除
    optimizer.zero_grad()

    # 線形モデルでyの予測値を計算
    y_pred = net(X)

    # MSE lossとwによる微分を計算
    loss = loss_fn(y_pred, y)
    loss.backward()

    # 勾配を更新する
    optimizer.step()

    # 収束確認のためにlossを記録しておく
    losses.append(loss.item())
```

予測は線型結合の出力をソフトマックス関数に通すと各クラスの確率が得られ、最も確率が大きいクラスを予測値とします。ソフトマックス関数は単調増加の関数ですので、実は線型結合の出力が最も大きい箇所を探せばよいことになります（リスト2.14）。

リスト2.14 正解率

In

```
# torch.maxは集計軸を指定すると最大値の他にその位置も返す
_, y_pred = torch.max(net(X), 1)

# 正解率を計算する
(y_pred == y).sum().item() / len(y)
```

Out

```
0.9460211463550362
```

正解率94%以上を達成しています。

2.5 まとめ

本章で解説した内容をまとめました。

線形モデルの代表例である線形回帰とロジスティック回帰を確率モデルの観点から説明して、勾配降下法によるパラメータの最尤推定法について説明しました。

線形回帰、ロジスティック回帰の両者が共に線形層1つからできており、損失関数として最小二乗誤差（MSE）かクロスエントロピーを利用することで区別できる点は、次章以降の本格的なニューラルネットワークにも当てはまる基本的な考え方です。

また、勾配降下法で必要な微分の計算は特にロジスティック回帰では非常に手間ですが、PyTorchの自動微分機能を使用することで全く意識することなく最適化を実行することが可能です。

CHAPTER 3

多層パーセプトロン

この章ではいよいよニューラルネットワークを作っていきます。線形層、あるいは全結合層を積み重ねたニューラルネットワークは一般に多層パーセプトロン（Multi-Layer Perceptron、以下、MLPと呼ぶ MEMO参照）と呼ばれており、様々なデータに適用できる汎用のニューラルネットワークです。まずは第2章の最後と同様に手書き文字のデータセットに対してシンプルなMLPを構築し、その後DropoutやBatchNormなどの正則化や学習の効率化法、そして独自層のモジュール化について説明していきます。

 **MEMO**

多層パーセプトロン

厳密にはパーセプトロンアルゴリズムを利用していないのですが、なぜかこう呼ばれます。

3.1 MLPの構築と学習

ここではMLPの構築と学習について解説します。

はじめにシンプルなMLPをPyTorchで作り、訓練する方法を説明していきます。モデルの構築方法は多少変わりますが、訓練は第2章で扱った線形モデルと全く同じです。

MLPは 図3.1 のように線形層をつなげていったものです。はじめの層を入力層、最後の層を出力層、それ以外を中間層や隠れ層と言います。出力層は、回帰問題の場合は線形回帰、分類問題の場合はロジスティック回帰と全く同じ構造をしています。

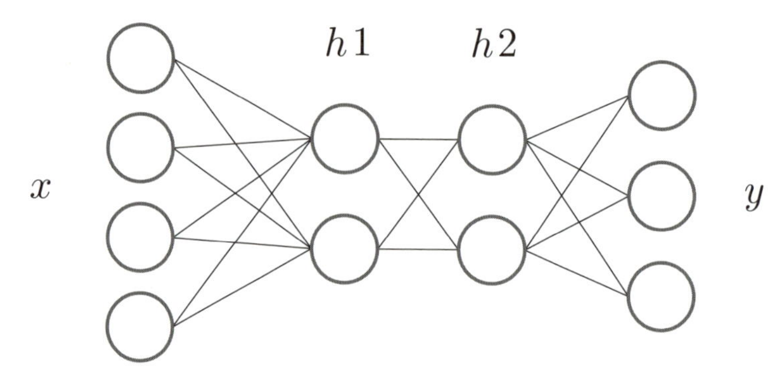

図3.1 隠れ層が2つのMLPの構造

単純に線形層をつなげるだけですと結局全体としては線形の関数にしかならないので各層の出力には活性化関数（Activation Function）という非線形関数を作用させ、全体としても非線形の関数を表現できるようにします。式で書くよりもコードを見れば一目瞭然です。 リスト3.1 の例では第2章でも扱ったscikit-learnの手書き文字を判別するMLPを作ります。

リスト3.1 手書き文字を判別するMLPを作成

In

```
import torch
from torch import nn

net = nn.Sequential(
    nn.Linear(64, 32),
    nn.ReLU(),
    nn.Linear(32, 16),
    nn.ReLU(),
    nn.Linear(16, 10)
)
```

nn.Sequentialは次々にnn.Moduleの層を積み重ねてネットワークを構築する際に使用します。このように層が一直線に積み重なった形のニューラルネットワークを**Feedforward型**と言います。

nn.ReLUは近年のニューラルネットワークの学習で使用される代表的なReLU MEMO参照 という活性化関数です。ここで作ったnetは64次元のデータを受け取り、内部でいろいろな変換をして10次元の別の値を返す関数です。これは第2章で扱った線形回帰やロジスティック回帰と中身こそ異なりますが、入出力のフォーマットは全く同じです。また、このnetは微分可能なのでPyTorchの自動微分とSGDを用いれば学習も同様に行えます MEMO参照 。

MEMO

ReLU

深層学習以前ではニューラルネットワークの活性化関数にはシグモイド関数やtanhなどが使用されていましたが、共にS字型の関数で原点から離れると0に近づくという性質により、ニューラルネットワークの層が増えると学習が進まなくなる勾配消失という問題を抱えていました。ReLUは$f(x) = \max(0, x)$という形をしており、$x > 0$の領域では常に微分が有限の値でこの問題に対して有効なため、深層学習以降のニューラルネットワークの学習では広く使用されるようになりました。

 **MEMO**

自動微分

MLPの微分は活性化関数を含んでいたり多層になっていたりするので線形モデルのそれと比べてはるかに複雑です。ここでも自動微分が大活躍ですね。

特にFeedForward型ニューラルネットワークの微分を求める際にはBack propagationと呼ばれる動的計画法を用いたアルゴリズムを使用します。PyTorchでは微分を求めるメソッド名がbackwardなのもこのためでしょう。

リスト3.2では手書き文字データセットの学習のコードの残り部分を示します。リスト3.2ではただのSGDではなく、より収束の速いAdam（Adaptive Moment Estimation）というSGDの改良版アルゴリズムを利用します。

リスト3.2 手書き文字データセットの学習のコードの残り部分

In

```
from torch import optim
from sklearn.datasets import load_digits
digits = load_digits()

X = digits.data
Y = digits.target

# NumPyのndarrayをPyTorchのTensorに変換
X = torch.tensor(X, dtype=torch.float32)
Y = torch.tensor(Y, dtype=torch.int64)

# ソフトマックスクロスエントロピー
loss_fn = nn.CrossEntropyLoss()

# Adam
optimizer = optim.Adam(net.parameters())

# 損失関数のログ
losses = []

# 100回イテレーションを回す
for epoc in range(500):
```

```
    # 前回のbackwardメソッドで
    # 計算された勾配の値を削除
    optimizer.zero_grad()

    # 線形モデルでyの予測値を計算
    y_pred = net(X)

    # MSE lossとwによる微分を計算
    loss = loss_fn(y_pred, Y)
    loss.backward()

    # 勾配を更新する
    optimizer.step()

    # 収束確認のためにlossを記録しておく
    losses.append(loss.item())
```

GPUで学習する場合は変数と同時にnetもtoメソッドでGPUに転送します（リスト3.3）。

リスト3.3 toメソッドでGPUに転送

In

```
X = X.to("cuda:0")
Y = Y.to("cuda:0")
net.to("cuda:0")

# 以下同様にoptimizerをセットし学習ループを回す
```

Out

```
#省略
```

3.2 DatasetとDataLoader

これまでは学習にすべてのデータをまとめて利用してきましたが、データが増えたり、ネットワークが深くなりパラメータが増えていったりすると、すべてのデータがメモリに載らなくなってきます。そのため、ここでデータの一部（ミニバッチ、mini-batch）を使用した本来のSGDの学習法のやり方を紹介します。

3.2.1 DatasetとDataLoader

PyTorchにはDatasetとDataLoaderという概念があり、ミニバッチ学習やデータのシャッフル、さらには並列処理を簡単に行えるようになっています。

TensorDatasetはDatasetを継承したクラスで特徴量XとラベルYをまとめるコンテナであり、このTensorDatasetをDataLoaderに渡すことでforループでデータの一部のみを簡単に受け取れるようになります（リスト3.4）。TensorDatasetにはTensorのみ渡すことができ、Variableは渡せない点に注意してください。

リスト3.4 TensorDatasetをDataLoaderに渡してデータの一部のみを簡単に受け取る例

In

```
from torch.utils.data import TensorDataset, DataLoader

# Datasetを作成
ds = TensorDataset(X, Y)

# 異なる順番で64個ずつデータを返すDataLoaderを作成
loader = DataLoader(ds, batch_size=64, shuffle=True)

net = nn.Sequential(
    nn.Linear(64, 32),
    nn.ReLU(),
    nn.Linear(32, 16),
    nn.ReLU(),
    nn.Linear(16, 10)
)
```

```
loss_fn = nn.CrossEntropyLoss()
optimizer = optim.Adam(net.parameters())

# 最適化を実行
losses = []
for epoch in range(10):
    running_loss = 0.0
    for xx, yy in loader:
        # xx, yyは64個分のみ受け取れる
        y_pred = net(xx)
        loss = loss_fn(y_pred, yy)
        optimizer.zero_grad()
        loss.backward()
        optimizer.step()
        running_loss += loss.item()
    losses.append(running_loss)
```

Datasetは独自に作ることもでき、大量の画像ファイルをすべてメモリ上に保存せず、都度読み込む方式で学習することもでき、様々な使い方があります。

3.3 学習効率化のTips

ニューラルネットワークは非常に表現力の高いモデルですが、一方で訓練データに適合しすぎて他のデータに適用できなかったり、あるいは訓練が不安定で長い時間がかかったりする問題があります。ここではそれらを克服する2つの代表的な手法であるDropoutとBatch Normalizationを説明します。

3.3.1 Dropoutによる正則化

ニューラルネットワークに限らず、機械学習の共通の問題として過学習が挙げられます。過学習とは訓練用のデータにパラメータが最適化されすぎて他のデータでの判別性能がむしろ下がってしまう現象です。例えば人がテスト勉強する時に背後の理論を理解せず、丸暗記しても応用が利かないのと同じことです。特に深いニューラルネットワークはパラメータが多く、十分なデータが得られないと過学習しがちです。

例えば3.1節で使用したネットワークを リスト3.5 、 リスト3.6 のコードのようにより深くすると、 図3.2 の左側のようになります。このように必要以上にSGDのイテレーションを増やしてしまうと、検証用のデータの損失関数が逆に上がってしまうことが観測できます。

リスト3.5 3.1節で使用したネットワークをより深くしたコード①

In

```
# データを訓練用と検証用に分割
from sklearn.model_selection import train_test_split
# 全体の30%は検証用
X = digits.data
Y = digits.target
X_train, X_test, Y_train, Y_test = train_test_split(➡
X, Y, test_size=0.3)

X_train = torch.tensor(X_train, dtype=torch.float32)
Y_train = torch.tensor(Y_train, dtype=torch.int64)
X_test = torch.tensor(X_test, dtype=torch.float32)
Y_test = torch.tensor(Y_test, dtype=torch.int64)
```

```
# 層を積み重ねて深いニューラルネットワークを構築する
k = 100
net = nn.Sequential(
    nn.Linear(64, k),
    nn.ReLU(),
    nn.Linear(k, k),
    nn.ReLU(),
    nn.Linear(k, k),
    nn.ReLU(),
    nn.Linear(k, k),
    nn.ReLU(),
    nn.Linear(k, 10)
)

loss_fn = nn.CrossEntropyLoss()
optimizer = optim.Adam(net.parameters())
# 訓練用データでDataLoaderを作成
ds = TensorDataset(X_train, Y_train)
loader = DataLoader(ds, batch_size=32, shuffle=True)
```

リスト3.6 3.1節で使用したネットワークをより深くしたコード②

In

```
train_losses = []
test_losses = []
for epoch in range(100):
    running_loss = 0.0
    for i, (xx, yy) in enumerate(loader):
        y_pred = net(xx)
        loss = loss_fn(y_pred, yy)
        optimizer.zero_grad()
        loss.backward()
        optimizer.step()
        running_loss += loss.item()
    train_losses.append(running_loss / i)
    y_pred = net(X_test)
    test_loss = loss_fn(y_pred, Y_test)
    test_losses.append(test_loss.item())
```

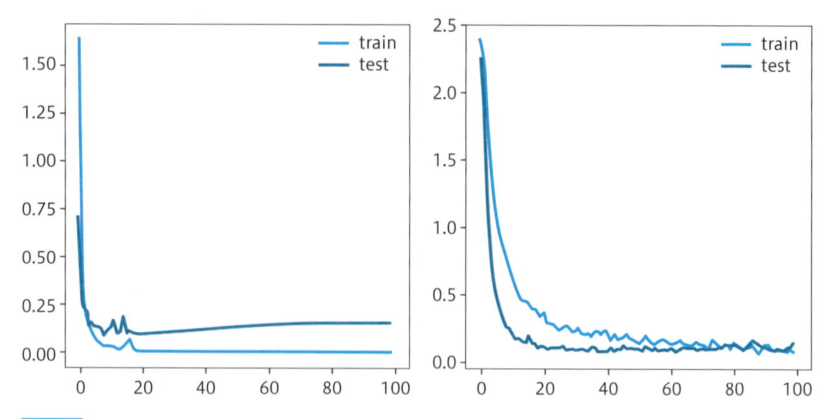

図3.2 （左）過学習を起こし、test（検証用データ）の損失関数が上昇してしまっている。（右）Dropoutを追加することで過学習が抑えられている

過学習を抑えることを**正則化**（regularization）と言います。正則化には様々な方法がありますが、ニューラルネットワークでは**Dropout**というランダムにいくつかのノード（変数の次元）を意図的に使用しないという方法がよく用いられます。

Dropoutはネットワークの訓練時のみに行い、予測時には使用しないのが通常です。PyTorchではモデルの`train`と`eval`メソッドでこの挙動を切り替えることができます（リスト3.7、リスト3.8）。

リスト3.7 `train`と`eval`メソッドでDropoutの挙動を切り替える①

In

```
# 確率0.5でランダムに変数の次元を
# 捨てるDropoutを各層に追加
net = nn.Sequential(
    nn.Linear(64, k),
    nn.ReLU(),
    nn.Dropout(0.5),
    nn.Linear(k, k),
    nn.ReLU(),
    nn.Dropout(0.5),
    nn.Linear(k, k),
    nn.ReLU(),
    nn.Dropout(0.5),
    nn.Linear(k, k),
    nn.ReLU(),
```

P 1 2 3 4 5 6 7 A1 A2 多層パーセプトロン

```
    nn.Dropout(0.5),
    nn.Linear(k, 10)
)
```

リスト3.8 trainとevalメソッドでDropoutの挙動を切り替える②

In

```
optimizer = optim.Adam(net.parameters())

train_losses = []
test_losses = []
for epoch in range(100):
    running_loss = 0.0
    # ネットワークを訓練モードにする
    net.train()
    for i, (xx, yy) in enumerate(loader):
        y_pred = net(xx)
        loss = loss_fn(y_pred, yy)
        optimizer.zero_grad()
        loss.backward()
        optimizer.step()
        running_loss += loss.item()
    train_losses.append(running_loss / i)
    # ネットワークを評価モードにして
    # 検証データの損失関数を計算する
    net.eval()
    y_pred = net(X_test)
    test_loss = loss_fn(y_pred, Y_test)
    test_losses.append(test_loss.item())
```

3.3.2　Batch Normalizationによる学習の加速

SGDを使用したニューラルネットワークの学習では各変数の次元が同じような値の範囲を取ることが大事です。1層のみの線形モデルなどでは事前にデータの正規化を行えばいいのですが、深いニューラルネットワークでは層を進むに連れてどんどんデータの分布が変わってしまうため、入力データの正規化だけでは不十分です。また、そもそも前の層の学習に従ってパラメータが変動し、後ろの層の学習が不安定になってしまうという問題もあります。

こういった問題を緩和し、学習を安定化、加速させる方法としてBatch Normalizationがあります。Batch Normalizationも訓練時のみに適用し（リスト3.9）、評価時には使用しないのでDropoutと同様に`train`と`eval`メソッドを使用してBatch Normalizationを切り替えます。

リスト3.9　`train`と`eval`メソッドでBatch Normalizationの挙動を切り替える

In

```
# Linear層にはBatchNorm1dを適用する
net = nn.Sequential(
    nn.Linear(64, k),
    nn.ReLU(),
    nn.BatchNorm1d(k),
    nn.Linear(k, k),
    nn.ReLU(),
    nn.BatchNorm1d(k),
    nn.Linear(k, k),
    nn.ReLU(),
    nn.BatchNorm1d(k),
    nn.Linear(k, k),
    nn.ReLU(),
    nn.BatchNorm1d(k),
    nn.Linear(k, 10)
)
```

3.4 ネットワークのモジュール化

PyTorchは独自のネットワーク層を定義することができます。オブジェクト指向プログラミングで独自クラスを作るのと同じように、独自ネットワーク層を作ることで後で再利用しやすくなったり、これをパーツにしてより複雑なネットワークを作ったりすることができます。

3.4.1 独自のネットワーク層（カスタム層）を作る

PyTorchで独自ネットワーク層（カスタム層）を作るにはnn.Moduleを継承したクラスを定義します。実はnn.Moduleはnn.Linearなどのすべての層の基底クラスになっています。

カスタム層を作る際にはforwardメソッドを実装すれば、自動微分まで可能になります。すでに、あるVariable型のxをnet(x)のようにしてネットワークによる予測を何回も実行してきましたが、実はnn.Moduleの__call__メソッドは内部でforwardメソッドを使用しているのでこのように書けるのです。

リスト3.10の例では活性化関数ReLUとDropoutを含んだカスタムの線形層を作り、それを用いて3.3節のMLPを書いています。見てわかるように簡潔になっています。

リスト3.10 活性化関数ReLUとDropoutを含んだカスタムの線形層を作り、それを用いてMLPを記述

In

```
class CustomLinear(nn.Module):
    def __init__(self, in_features,
                 out_features,
                 bias=True, p=0.5):
        super().__init__()
        self.linear = nn.Linear(in_features,
                                out_features,
                                bias)
        self.relu = nn.ReLU()
        self.drop = nn.Dropout(p)
```

```
    def forward(self, x):
        x = self.linear(x)
        x = self.relu(x)
        x = self.drop(x)
        return x

mlp = nn.Sequential(
    CustomLinear(64, 200),
    CustomLinear(200, 200),
    CustomLinear(200, 200),
    nn.Linear(200, 10)
)
```

また、リスト3.11のようにnn.Sequentialを使用せずに、すべてをnn.Moduleを継承したクラスで完結させることもできます。

リスト3.11 nn.Moduleを継承したクラスの利用

In

```
class MyMLP(nn.Module):
    def __init__(self, in_features,
                 out_features):
        super().__init__()
        self.ln1 = CustomLinear(in_features, 200)
        self.ln2 = CustomLinear(200, 200)
        self.ln3 = CustomLinear(200, 200)
        self.ln4 = CustomLinear(200, out_features)

    def forward(self, x):
        x = self.ln1(x)
        x = self.ln2(x)
        x = self.ln3(x)
        x = self.ln4(x)
        return x

mlp = MyMLP(64, 10)
```

3.5 まとめ

本章で解説した内容をまとめました。

代表的なニューラルネットワークであるMLPも線形モデルと同様に勾配法を用いて学習できます。この際、難しい微分の計算は自分で行う必要がなく、PyTorchの自動微分が面倒を見てくれるので学習部分は線形モデルと全く同様のコードが利用できます。`Dataset`と`DataLoader`を使用することでミニバッチ学習が簡単に行うことができ、また大規模データを使用したネットワークの訓練も可能です。MLPの過学習への対策としてDropoutを説明しました。

また、学習を安定、加速化させる方法としてBatch Normalizationを紹介しました。`nn.Module`を継承することで独自のネットワーク層を作ることができ、同じようなネットワークを毎回書いていると思ったら独自層を書くのもいいでしょう。

ATTENTION

第4章以降のサンプルについて

第4章以降では以下のよく使用する`import`をすでに行っていることを前提に解説を進めます。ただし、リストではその都度、記載します。

```
import torch
from torch import nn, optim
from torch.utils.data import (Dataset,
                              DataLoader,
                              TensorDataset)
import tqdm
```

CHAPTER 4

画像処理と畳み込みニューラルネットワーク

この章では画像分類などのコンピュータービジョン分野で広く使われている畳み込みニューラルネットワーク（Convolutional Neural Network、CNN）を扱います。
2012年にILSVRCという画像認識の大会で多層のCNNを用いたモデルが他を圧倒し、深層学習がこれだけ注目される起点となりました。現在でも深層学習が最も利用されている分野はCVであり、特にCNNはよく研究されていてVGGやResNet、Inceptionなど、様々な種類が提案されていて非常に活発な分野です。
この章では単純なCNNによる画像の分類の他に転移学習や超解像、そしてGANという方法による画像生成などを紹介します。

4.1 画像と畳み込み計算

CNNの最も基礎となる畳み込み計算について簡単に説明します。

画像分野における畳み込み（Convolution）とは 図4.1 のように画像に対してある小さなカーネル（あるいはフィルターとも）行列を移動させながら各要素の積の和を取っていく計算です。例えば 図4.1 のように3×3のカーネルのすべての値が1/9だと9ピクセル分の平均値を計算していることになり、平滑化していることに相当します。

1/9	1/9	1/9
1/9	1/9	1/9
1/9	1/9	1/9

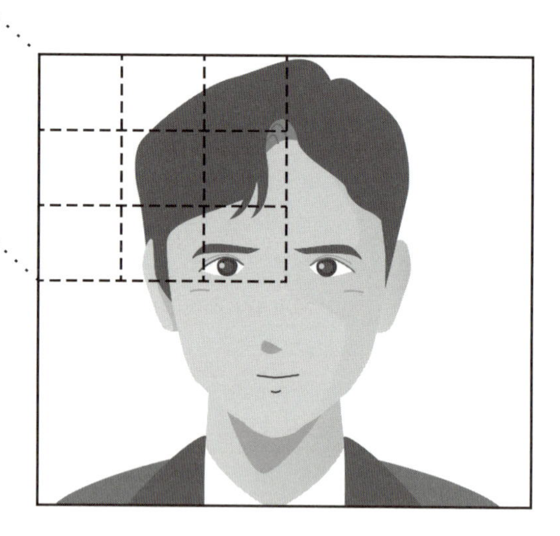

図4.1 画像の畳み込み計算

カーネルの係数を変えることで他にも画像をシャープにしたり、エッジを抽出したりするなど様々なことができます。カーネルと画像との畳み込みは、別の見方をすれば画像からカーネルを使用して特徴量を抽出しているということにもなります。異なるカーネルをあらかじめ複数用意して特徴量を抽出し、分類に使用するということも考えられますが、このカーネルの各係数を学習し、自動で分類などに重要な特徴量を抽出するような値にしよう MEMO参照 というのがCNNのベースのアイディアです。そして畳み込み計算は実は線型結合をとっていることに他ならず、微分可能なのでMLPと同様に勾配降下法で学習することができるのです。

MEMO

特徴学習

カーネルの各係数を学習して、自動で分類などに重要な特徴量を抽出するような値にすることを特徴学習（Feature Learning）と言います。

4.2 CNNによる画像分類

CNNを利用して実際に画像分類をやってみましょう。PyTorchには畳み込み層のクラスも定義されており、第3章のMLPとほとんど同様にモデル構築と訓練を行うことができます。

CNNによる画像分類は基本的には畳み込みからReLUなどの活性化関数を作用のフローを複数回行います。画像データは（C、H、W）の形で保持され、H、Wは画像の縦と横のサイズ、Cは色数あるいはチャンネルとも呼ばれます。もともとC=1かC=3ですが、最終的にはCは最後の畳み込み層のカーネル数になります。この処理によって得られた特徴量をMLPに入れて最終的なクラスの判別を行うという流れになります。畳み込みの後に位置の感度を鈍くするプーリングを挟むことや、DropoutやBatch Normalizationと共に使用することも多々あります。次項からPyTorchによる実装を見ていきましょう。

4.2.1 Fashion-MNIST

MNISTは28×28ピクセルのモノクロの手書き数字のデータセットで、画像分類の代表的なベンチマークです。このMNISTは近年ではあまりにも簡単すぎると指摘されており、手書き文字の代わりに10カテゴリの洋服の画像データセットであるFashion-MNIST MEMO参照 が提案されているので、ここではFashion-MNISTを使用します。Fashion-MNISTも28×28のモノクロ画像です。図4.2 に画像群を示します。

図4.2 Fashion-MNISTの画像例

MEMO

Fashion-MNIST

- **zalandoresearch/fashion-mnist**
  URL https://github.com/zalandoresearch/fashion-mnist

PyTorchの拡張であるtorchvisionというライブラリを使用することで リスト4.1 のように簡単にFashion-MNISTのデータをダウンロードし、PyTorchのDatasetに変換し、DataLoaderを作成することができます。 リスト4.1 のコードの<your_path>には任意のディレクトリを指定してください。本書を通してデータはそこに入れることとします。例えば著者は$HOMNE/dataを使用しています。

リスト4.1 Fashion-MNISTのデータからDataLoaderを作成

In

```
from torchvision.datasets import FashionMNIST
from torchvision import transforms

# 訓練用のデータを取得
# そのままだとPIL (Python Imaging Library) の画像形式で
# Datasetを作ってしまうので、
# transforms.ToTensorでTensorに変換する
fashion_mnist_train = FashionMNIST("<your_path>/FashionMNIST",
    train=True, download=True,
    transform=transforms.ToTensor())
# 検証用データの取得
fashion_mnist_test = FashionMNIST("<your_path>/FashionMNIST",
    train=False, download=True,
    transform=transforms.ToTensor())

# バッチサイズが128のDataLoaderをそれぞれ作成
batch_size=128
train_loader = DataLoader(fashion_mnist_train,
                          batch_size=batch_size, shuffle=True)
test_loader = DataLoader(fashion_mnist_test,
                         batch_size=batch_size, shuffle=False)
```

任意のディレクトリを指定

任意のディレクトリを指定

Out

```
Downloading http://fashion-mnist.s3-website.➡
eu-central-1.amazonaws.com/train-images-idx3-ubyte.gz
Downloading http://fashion-mnist.s3-website.➡
eu-central-1.amazonaws.com/train-labels-idx1-ubyte.gz
Downloading http://fashion-mnist.s3-website.➡
eu-central-1.amazonaws.com/t10k-images-idx3-ubyte.gz
Downloading http://fashion-mnist.s3-website.➡
eu-central-1.amazonaws.com/t10k-labels-idx1-ubyte.gz
Processing...
Done!
```

4.2.2 CNNの構築と学習

PyTorchには画像の畳み込みを行う`nn.Conv2d`やプーリングを行う`nn.MaxPool2d`などが用意されており、すぐにCNNを構築できます。リスト4.2ではシンプルな2層の畳み込み層と2層のMLPをつなげたCNNを作成しています。

PyTorchでは`nn.Linear`は入力の次元を必ず指定しないといけませんが、`nn.Conv2d`や`nn.MaxPool2d`でどのように画像のサイズが変わるのか、なれないうちは計算するのが大変なので`torch.ones`関数で作成したダミーデータを入れて実際に計算しています。

リスト4.2 2層の畳み込み層と2層のMLPをつなげたCNNを作成

In

```
# (N、C、H、W)形式のTensorを(N, C*H*W)に引き伸ばす層
# 畳み込み層の出力をMLPに渡す際に必要
class FlattenLayer(nn.Module):
    def forward(self, x):
        sizes = x.size()
        return x.view(sizes[0], -1)

# 5×5のカーネルを使用し最初に32個、次に64個のチャンネルを作成する
# BatchNorm2dは画像形式用のBatch Normalization
# Dropout2dは画像形式用のDropout
# 最後にFlattenLayerを挟む
conv_net = nn.Sequential(
    nn.Conv2d(1, 32, 5),
    nn.MaxPool2d(2),
    nn.ReLU(),
    nn.BatchNorm2d(32),
    nn.Dropout2d(0.25),
    nn.Conv2d(32, 64, 5),
    nn.MaxPool2d(2),
    nn.ReLU(),
    nn.BatchNorm2d(64),
    nn.Dropout2d(0.25),
    FlattenLayer()
)

# 畳み込みによって最終的にどのようなサイズになっているかを、
# 実際にダミーデータを入れてみて確認する
```

```
test_input = torch.ones(1, 1, 28, 28)
conv_output_size = conv_net(test_input).size()[-1]

# 2層のMLP
mlp = nn.Sequential(
    nn.Linear(conv_output_size, 200),
    nn.ReLU(),
    nn.BatchNorm1d(200),
    nn.Dropout(0.25),
    nn.Linear(200, 10)
)

# 最終的なCNN
net = nn.Sequential(
    conv_net,
    mlp
)
```

次に評価と訓練のヘルパー関数を作成します（リスト4.3）。

リスト4.3 評価と訓練のヘルパー関数を作成

In

```
# 評価のヘルパー関数
def eval_net(net, data_loader, device="cpu"):
    # DropoutやBatchNormを無効化
    net.eval()
    ys = []
    ypreds = []
    for x, y in data_loader:
        # toメソッドで計算を実行するデバイスに転送する
        x = x.to(device)
        y = y.to(device)
        # 確率が最大のクラスを予測(リスト2.14参照)
        # ここではforward（推論）の計算だけなので自動微分に
        # 必要な処理はoffにして余計な計算を省く
        with torch.no_grad():
            _, y_pred = net(x).max(1)
        ys.append(y)
        ypreds.append(y_pred)
```

```
    # ミニバッチごとの予測結果などを1つにまとめる
    ys = torch.cat(ys)
    ypreds = torch.cat(ypreds)
    # 予測精度を計算
    acc = (ys == ypreds).float().sum() / len(ys)
    return acc.item()

# 訓練のヘルパー関数
def train_net(net, train_loader, test_loader,
              optimizer_cls=optim.Adam,
              loss_fn=nn.CrossEntropyLoss(),
              n_iter=10, device="cpu"):
    train_losses = []
    train_acc = []
    val_acc = []
    optimizer = optimizer_cls(net.parameters())
    for epoch in range(n_iter):
        running_loss = 0.0
        # ネットワークを訓練モードにする
        net.train()
        n = 0
        n_acc = 0
        # 非常に時間がかかるのでtqdmを使用してプログレスバーを出す
        for i, (xx, yy) in tqdm.tqdm(enumerate(train_➡
loader),
            total=len(train_loader)):
            xx = xx.to(device)
            yy = yy.to(device)
            h = net(xx)
            loss = loss_fn(h, yy)
            optimizer.zero_grad()
            loss.backward()
            optimizer.step()
            running_loss += loss.item()
            n += len(xx)
            _, y_pred = h.max(1)
            n_acc += (yy == y_pred).float().sum().item()
        train_losses.append(running_loss / i)
        # 訓練データの予測精度
        train_acc.append(n_acc / n)
```

```
        # 検証データの予測精度
        val_acc.append(eval_net(net, test_loader, ➡
device))
        # このepochでの結果を表示
        print(epoch, train_losses[-1], train_acc[-1],
              val_acc[-1], flush=True)
```

これで準備完了です。次の リスト4.4 の計算は非常に時間がかかるのでGPUの使用を強く勧めます。画面に学習の進行状況が表示されていきます。

リスト4.4 全パラメータをGPUに転送して訓練を実行

In

```
# ネットワークの全パラメータをGPUに転送
net.to("cuda:0")

# 訓練を実行
train_net(net, train_loader, test_loader, n_iter=20, ➡
device="cuda:0")
```

Out

```
100%|**| 469/469 [00:04<00:00, 99.15it/s]
0 0.3919695211717716 0.8644 0.8826999664306641
100%|**| 469/469 [00:04<00:00, 99.95it/s]
1 0.2403168466228705 0.9113166666666667 0.896399974822998
100%|**| 469/469 [00:04<00:00, 104.50it/s]
2 0.19925596131982967 0.9264666666666667 0.9075999855995178
100%|**| 469/469 [00:04<00:00, 101.92it/s]
3 0.1674202884045931 0.9389833333333333 0.9089999794960022
100%|**| 469/469 [00:04<00:00, 97.87it/s]
4 0.1434261213399024 0.9478833333333333 0.9157999753952026
(・・・中略・・・)
16 0.15790939249862462 0.9412 0.9212999939918518
100%|**| 469/469 [00:10<00:00, 99.87it/s]
17 0.15936664253887203 0.94075 0.9160999655723572
100%|**| 469/469 [00:10<00:00, 99.87it/s]
18 0.1537382804006068 0.9216833333333333 0.9128999710083008
100%|**| 469/469 [00:11<00:00, 100.87it/s]
19 0.15288561017403746 0.9264 0.913999780654907
```

筆者の環境では20回のイテレーションを回して検証用の精度が最もよかったものが0.926でした。

なお、筆者はCPUはcore-i7 7700K、GPUはGTX1060で検証していますが、GPUのほうがCPUよりも5倍計算が速いという結果でした。これを同じ層数のMLPで行った場合に最もよかった結果が0.88でしたので、畳み込みによって効率よく特徴を学習していることがわかります。

4.3 転移学習

この節では**転移学習**というニューラルネットワークに見られる非常にユニークかつ有用な学習法について説明します。転移学習を用いるとあるタスクのために訓練済みのモデルを他のタスクにも流用することができ、大量に学習データがなくても複雑なネットワークを訓練できるようになります。

CNNは様々な構造が提案されており、VGG MEMO参照、Inception MEMO参照、ResNet（MEMO参照）などは非常に精度が高くて有名です。

一方でこれらのモデルは非常に深いネットワーク構造で大量のパラメータを持っており、過学習せずにパラメータを最適化するには訓練用の画像も大量に必要です。画像を集めるだけでなく、それぞれにラベルを付けるという作業もとても大変です。

CIFAR-10 MEMO参照 やImageNet MEMO参照 などラベル付けされた汎用のデータセットを用いた研究はよいのですが、実際に自分のサービスで使用する画像でモデルを訓練しようと思うとこういった大変な作業が必要ですし、そもそも画像データが入手できないことも珍しくないでしょう。幸いにもこの問題には転移学習という有効な手段があります。

MEMO

VGG

Oxford大学のVGGグループによって提案されたモデルで、3×3のように小さなカーネルを多数重ねることでモデルの表現力を高めているという特徴を持ちます。

- **VERY DEEP CONVOLUTIONAL NETWORKS FOR LARGE-SCALE IMAGE RECOGNITION**
  URL https://arxiv.org/pdf/1409.1556.pdf

MEMO

Inception

別名GoogLeNet。Inceptionモジュールという疎なCNNを近似する構造を取り込み、総パラメータ数を減らしつつも深層化に成功したモデルです。

- **Going deeper with convolutions**
  URL https://arxiv.org/pdf/1409.4842v1.pdf

MEMO

ResNet

Residualモジュールというショートカット構造を有し、前の層の入力もそのまま次の層に渡すことで勾配がより伝わりやすく、深いネットワークでも効率よく訓練できるように改良されたネットワーク構造のことです。

- **Deep Residual Learning for Image Recognition**
  URL https://arxiv.org/pdf/1512.03385.pdf

MEMO

CIFAR-10

画像認識のベンチマークによく用いられるデータセットです。飛行機、自動車、鳥、猫など合計10個のカテゴリについてそれぞれ訓練用5000枚、テスト用1000枚の画像が用意されており、合計で60000枚です。

- **The CIFAR-10 dataset**
  URL http://www.cs.toronto.edu/~kriz/cifar.html

MEMO

ImageNet

ImageNetは画像認識の研究用に整備された超大規模のデータセットで、ILSVRCという画像認識のコンテストでも使用されます。カテゴリは2万以上、画像数も1400万枚に上ります。

- **ImageNet**
  URL http://www.image-net.org/

転移学習（Transfer Learning）とはあるタスク（ドメインとも）で得られたモデルをうまく他のタスクに転用する技術の総称です。こと画像認識のニューラルネットワークにおいては、事前に学習したネットワークの他の層のパラメータをすべて固定し、最後の出力の線形層のみ自分のデータについて学習し直すとうまく行くことが経験的に知られています。特にImageNetという大規模の画像認識データセットで事前に学習したResNetなどの様々なネットワークのパラメータが公開されており、転移学習に最適です。なぜこれでうまく行くのかは筆者の知る限り理論的な説明がなされていませんが、CNNの下位の層で画像を認識するのに必要となる一般的な特徴をうまく抽出できていると解釈されています。

4.3.1　データの準備

それではPyTorchで転移学習を実際に試してみましょう。ここでは筆者の好物である代表的なメキシコ料理のタコス（Taco）とブリトー（Burrito）の分類 図4.3 にチャレンジします。余談ですが、タコスとブリトーはともにトルティーヤという中国の包餅（パオビン）やインドのナンのような皮で肉や野菜などを包んだ料理です。タコスはトウモロコシで作ったトルティーヤ MEMO参照 を使用し、ブリトーは小麦粉で作ったものを使用し、タコスよりもサイズが大きいのが一般です。

MEMO

トルティーヤ

さらに余談ですがトルティーヤ（Tortilla）は同じスペイン語でもスペインとメキシコでは全く別の食べ物です。スペインではオムレツに似た料理を指します。

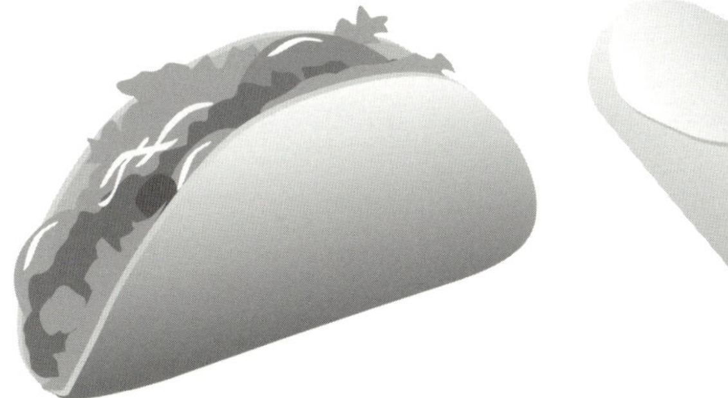

図4.3 左がタコスで右がブリトー

筆者が事前にWebから取得した、リサイズ済みの画像をそれぞれ400枚ほど用意してありますのでこれを使用します。以下のURLからダウンロードして都合のよいディレクトリに解凍してください。

- **メキシコ料理のタコス（Taco）とブリトー（Burrito）の分類用データ**
  URL https://github.com/lucidfrontier45/PyTorch-Book/raw/master/data/taco_and_burrito.tar.gz

中身は 図4.4 のようになっています。

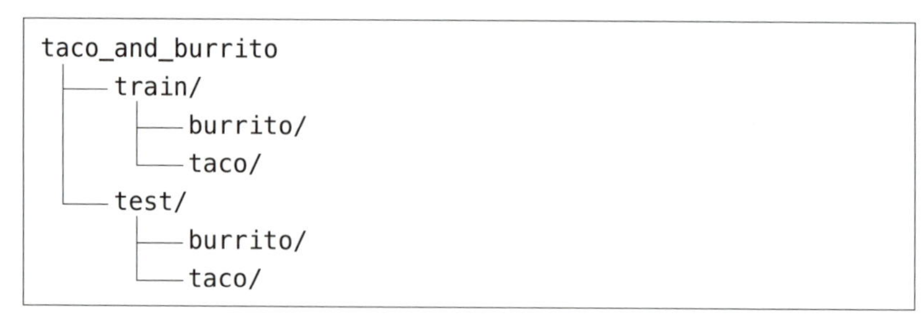

図4.4 分類用データの階層

MEMO

Colaboratoryにおける圧縮ファイルの展開、ディレクトリの作成および移動

Colaboratoryの場合、以下のコマンドを実行します。

```
!wget https://github.com/lucidfrontier45/PyTorch-Book/➡
raw/master/data/taco_and_burrito.tar.gz
!tar -zxvf taco_and_burrito.tar.gz
```

testにはそれぞれ30枚ずつ画像があり、trainはそれ以外全部です。このディレクトリ構成にしておくと次のようにtorchvisionのImageFolderで読み込んでDatasetに容易に変換できます。

PyTorchのImageNetによる学習済みモデルは224×224ピクセルの画像を入力として受け付けるのでこのこのサイズにクロップします。学習用データはより堅牢な学習結果にするためにランダムにクロップ（RandomCrop）し、検証用データは中心部をクロップ（CenterCrop）します（リスト4.5）。

リスト4.5 DataLoaderを作成

In

```
from torchvision.datasets import ImageFolder
from torchvision import transforms

# ImageFolder関数を使用してDatasetを作成する
train_imgs = ImageFolder(
    "<your_path>/train/",
```

任意のディレクトリを指定

```
    transform=transforms.Compose([
        transforms.RandomCrop(224),
        transforms.ToTensor()]
))
test_imgs = ImageFolder(
    "<your_path>/test/",
    transform=transforms.Compose([
        transforms.CenterCrop(224),
        transforms.ToTensor()]
))

# DataLoaderを作成
train_loader = DataLoader(
    train_imgs, batch_size=32, shuffle=True)
test_loader = DataLoader(
    test_imgs, batch_size=32, shuffle=False)
```

任意のディレクトリを指定

ImageFolderを使用すると指定したディレクトリのサブディレクトリ名をクラス名とし、そのサブディレクトリ以下の画像とクラスのインデクスのtupleを返すDatasetを作成できます。クラス名とクラスインデクスの対応はリスト4.6のように確認できます。

リスト4.6 クラス名とクラスインデクスの対応の確認

In

```
print(train_imgs.classes)
```

Out

```
['burrito', 'taco']
```

In

```
print(train_imgs.class_to_idx)
```

Out

```
{'burrito': 0, 'taco': 1}
```

これでデータの準備が完了しましたのでいよいよネットワークを学習していきます。

4.3.2 PyTorchで転移学習

まずは事前学習済み（Pre-trained）のモデルをロードします。ここではResNet18というモデルを使用します。このモデルは出力の線形層が`fc`という名前で取得できますので、まずはすべてのパラメータを微分対象から外し、その後`fc`に新しい線形層をセットします。ここでは2クラスの分類なので線形層の出力の次元は2にします（リスト4.7）。新しくセットした層のパラメータはデフォルトで微分の対象ですので、これで最後の線形層のみ微分の対象になりました。

リスト4.7 事前学習済み（Pre-trained）モデルのロードと定義※1

In

```
from torchvision import models

# 事前学習済みのresnet18をロード
net = models.resnet18(pretrained=True)

# すべてのパラメータを微分対象外にする
for p in net.parameters():
    p.requires_grad=False

# 最後の線形層を付け替える
fc_input_dim = net.fc.in_features
net.fc = nn.Linear(fc_input_dim, 2)
```

Out

```
Downloading: "https://download.pytorch.org/models/➡
resnet18-5c106cde.pth" to /content/.torch/models/➡
resnet18-5c106cde.pth
100%|**| 46827520/46827520 [00:03<00:00, 11991926.36it/s]
```

モデルの定義は以上です。とても簡単ではないでしょうか？　後はこれまでと同様にモデルの訓練関数を書いていきます。唯一の違いは`fc`のパラメータのみをオプティマイザーに渡す点です（リスト4.8）。GPUで実行します（リスト4.9）。

※1 Ubuntuの環境で、2回目以降に実行する場合は、.torch/models/resnet18-5c106cde.pthを削除して実行してください。

リスト4.8 モデルの訓練関数の記述

In

```
def eval_net(net, data_loader, device="cpu"):
    # DropoutやBatchNormを無効化
    net.eval()
    ys = []
    ypreds = []
    for x, y in data_loader:
        # toメソッドで計算を実行するデバイスに転送する
        x = x.to(device)
        y = y.to(device)
        # 確率が最大のクラスを予測(リスト2.14参照)
        # ここではforward(推論)の計算だけなので自動微分に
        # 必要な処理はoffにして余計な計算を省く
        with torch.no_grad():
            _, y_pred = net(x).max(1)
        ys.append(y)
        ypreds.append(y_pred)
    # ミニバッチごとの予測結果などを1つにまとめる
    ys = torch.cat(ys)
    ypreds = torch.cat(ypreds)
    # 予測精度を計算
    acc = (ys == ypreds).float().sum() / len(ys)
    return acc.item()

def train_net(net, train_loader, test_loader,
              only_fc=True,
              optimizer_cls=optim.Adam,
              loss_fn=nn.CrossEntropyLoss(),
              n_iter=10, device="cpu"):
    train_losses = []
    train_acc = []
    val_acc = []
    if only_fc:
        # 最後の線形層のパラメータのみを、
        # optimizerに渡す
        optimizer = optimizer_cls(net.fc.parameters())
    else:
        optimizer = optimizer_cls(net.parameters())
```

```
    for epoch in range(n_iter):
        running_loss = 0.0
        # ネットワークを訓練モードにする
        net.train()
        n = 0
        n_acc = 0
        # 非常に時間がかかるのでtqdmを使用してプログレスバーを出す
        for i, (xx, yy) in tqdm.tqdm(enumerate(train_➡
loader),
            total=len(train_loader)):
            xx = xx.to(device)
            yy = yy.to(device)
            h = net(xx)
            loss = loss_fn(h, yy)
            optimizer.zero_grad()
            loss.backward()
            optimizer.step()
            running_loss += loss.item()
            n += len(xx)
            _, y_pred = h.max(1)
            n_acc += (yy == y_pred).float().sum().item()
        train_losses.append(running_loss / i)
        # 訓練データの予測精度
        train_acc.append(n_acc / n)
        # 検証データの予測精度
        val_acc.append(eval_net(net, test_loader, ➡
device))
        # このepochでの結果を表示
        print(epoch, train_losses[-1], train_acc[-1],
             val_acc[-1], flush=True)
```

リスト4.9 全パラメータをGPUに転送して訓練を実行

In

```
# ネットワークの全パラメータをGPUに転送
net.to("cuda:0")

# 訓練を実行
train_net(net, train_loader, test_loader, n_iter=20, ➡
device="cuda:0")
```

Out

```
100%|**| 23/23 [00:02<00:00,  9.56it/s]
0 0.6974282251162962 0.601123595505618 0.8333333730697632
100%|**| 23/23 [00:01<00:00, 11.78it/s]
1 0.517780906774781 0.773876404494382 0.8500000238418579
(…略…)
100%|**| 23/23 [00:01<00:00, 11.81it/s]
8 0.39653965492140164 0.848314606741573 0.8500000238418579
100%|**| 23/23 [00:02<00:00, 11.34it/s]
9 0.3141689578240568 0.8806179775280899 0.8833333849906921
(…略…)
```

ResNet18はかなり大きいネットワークですのでここでもGPUの利用を推奨します。筆者の環境ですと10倍ほど速度に差が出ます。実行すると10回ほどの繰り返しで リスト4.9 のように検証用データに対して88%くらいの正解率を達成しました。

なお、fc層以外はパラメータが変化せず、毎回同じ計算を無駄に行っているとも言えるので事前に計算してそれを入力とするロジスティック回帰モデルを訓練するというのもいいでしょう。最後のfc層を除去する方法は様々ありますが、リスト4.10 のように入力をそのまま出力するダミーの層を作り、fcを置き換えるというのが汎用性が高いでしょう。

リスト4.10 入力をそのまま出力するダミーの層を作り、fcを置き換える

In

```
class IdentityLayer(nn.Module):
    def forward(self, x):
        return x

net = models.resnet18(pretrained=True)
for p in net.parameters():
    p.requires_grad=False
net.fc = IdentityLayer()
```

また、筆者が作成した リスト4.11 のようなCNNで試した結果、学習速度は半分ほどであり、精度も70%ほどでしたので転移学習の有効性がわかると思います。

リスト4.11 筆者が作成したCNNモデルの実行

In

```
conv_net = nn.Sequential(
    nn.Conv2d(3, 32, 5),
    nn.MaxPool2d(2),
    nn.ReLU(),
    nn.BatchNorm2d(32),
    nn.Conv2d(32, 64, 5),
    nn.MaxPool2d(2),
    nn.ReLU(),
    nn.BatchNorm2d(64),
    nn.Conv2d(64, 128, 5),
    nn.MaxPool2d(2),
    nn.ReLU(),
    nn.BatchNorm2d(128),
    FlattenLayer()
)

# 畳み込みによって最終的にどのようなサイズになっているかを、
# 実際にデータを入れて確認する
test_input = torch.ones(1, 3, 224, 224)
conv_output_size = conv_net(test_input).size()[-1]

# 最終的なCNN
net = nn.Sequential(
    conv_net,
    nn.Linear(conv_output_size, 2)
)

# 訓練を実行
train_net(net, train_loader, test_loader, n_iter=10,
          only_fc=False)
```

Out

```
100%|**| 23/23 [00:03<00:00,  7.41it/s]
0 2.2579465102065694 0.5898876404494382 0.5
100%|**| 23/23 [00:03<00:00,  7.53it/s]
1 2.665352626280351 0.6137640449438202 0.550000011920929
(…略…)
100%|**| 23/23 [00:03<00:00,  7.37it/s]
9 2.2272912561893463 0.675561797752809 0.7000000476837158
```

4.4 CNN回帰モデルによる画像の高解像度化

これまでCNNを使用した分類問題を見てきましたが、CNNは回帰問題にも利用できます。具体的には、CNNを利用すると、画像を別の画像に変換できます。ここではCNNを利用して顔画像を高解像度化するという、まるで科学捜査ドラマのような興味深い例を元に解説します。

ここまで第4章では、主に分類問題を扱ってきましたが、第2章の線形モデルで見たように、ニューラルネットワークは回帰と分類の両方を扱うことができます。

回帰問題の興味深い例として画像の拡大、高解像度化があります。ここでは様々な人の顔の画像データについて、128×128ピクセルの画像(y)とそれを32×32に縮小した画像(x)を用意し、xをCNNで拡大した結果とyとの誤差をできるだけ小さくなるようにしていくことで画像の高解像度化を行うCNNを訓練します。

4.4.1 データの準備

ここでは代表的な顔画像データセットであるLabeled Faces in the Wild (LFW)、特に顔が垂直になるようにアラインされたLFW deep funneled imagesというデータセットを使用します。データは以下のURLのWebページの前半くらいにあるAll images aligned with deep funnelingというリンクをクリックするとダウンロードできます。

- **Labeled Faces in the Wild Home**
  URL http://vis-www.cs.umass.edu/lfw/

ダウンロードして展開すると、中に人物名のディレクトリがたくさんありますのでそれを訓練用と検証用に適当に分割し、図4.5のようなディレクトリ構成にしてください。著者はXYZからはじまる名前の人物をすべてtestに移動し、それ以外をtrainに移動しました。

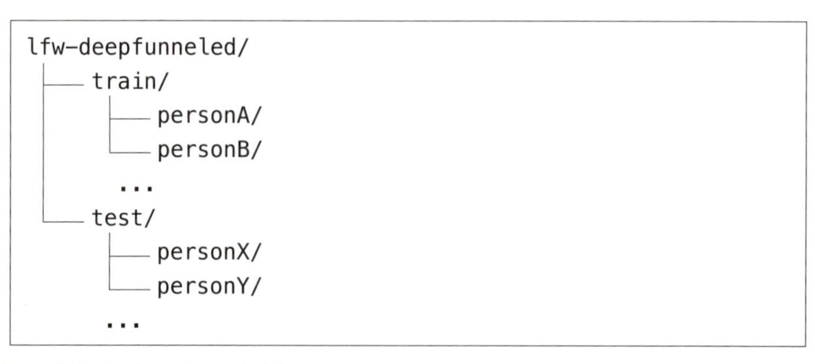

図4.5 LFW deep funneled imagesのディレクトリ

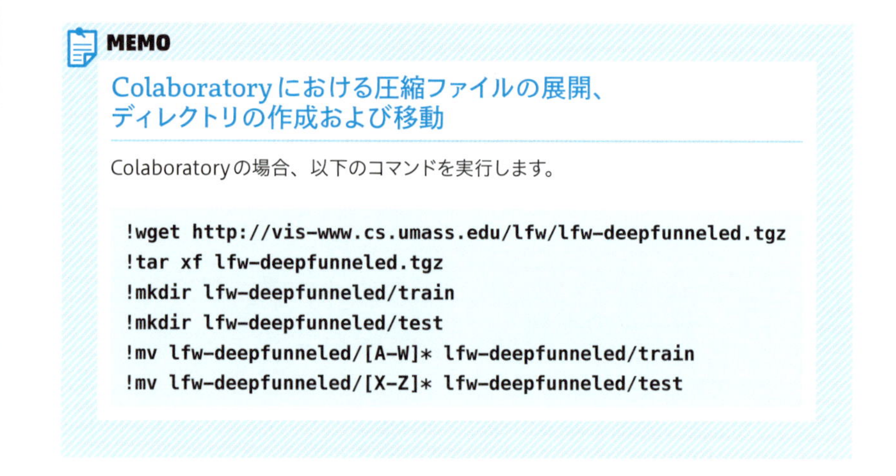

MEMO

Colaboratoryにおける圧縮ファイルの展開、ディレクトリの作成および移動

Colaboratoryの場合、以下のコマンドを実行します。

```
!wget http://vis-www.cs.umass.edu/lfw/lfw-deepfunneled.tgz
!tar xf lfw-deepfunneled.tgz
!mkdir lfw-deepfunneled/train
!mkdir lfw-deepfunneled/test
!mv lfw-deepfunneled/[A-W]* lfw-deepfunneled/train
!mv lfw-deepfunneled/[X-Z]* lfw-deepfunneled/test
```

DatasetとDataLoaderの用意

次にDatasetとDataLoaderを用意します。ここでは32×32ピクセルの画像を128×128ピクセルに拡大するという問題設定としますのでリスト4.12のようにtorchvisionのResizeを使用してImageFolderを拡張し、(小さい画像, 大きい画像）のタプルを返すDatasetを用意します。なお、Resizeは変換後の画像のサイズを(h, w)の形のタプルか整数で受け取ります。前者の場合はその指定したサイズにそのままリサイズしますが、後者の場合は縦と横の短いほうを指定したサイズにリサイズし、残りも同じ比率で変換します。

なお、ここで使用するLFWのデータセットはすべて250×250ピクセルの正方形ですが、一般には画像のサイズはまちまちですので、もし正方形の画像がほしい場合はResizeの後にCenterCropを挟むとよいでしょう（具体例は掲載していません）。

リスト4.12　32×32ピクセルの画像を128×128ピクセルに拡大する

In

```
class DownSizedPairImageFolder(ImageFolder):
    def __init__(self, root, transform=None,
                 large_size=128, small_size=32, **kwds):
        super().__init__(root, transform=transform, **kwds)
        self.large_resizer = transforms.Resize(large_size)
        self.small_resizer = transforms.Resize(small_size)

    def __getitem__(self, index):
        path, _ = self.imgs[index]
        img = self.loader(path)

        # 読み取った画像を128×128ピクセルと32×32ピクセルに➡
リサイズする
        large_img = self.large_resizer(img)
        small_img = self.small_resizer(img)

        # その他の変換を適用する
        if self.transform is not None:
            large_img = self.transform(large_img)
            small_img = self.transform(small_img)

        # 32ピクセルの画像と128ピクセルの画像を返す
        return small_img, large_img
```

訓練用と検証用のDataLoaderの作成

そしてこれを用いて訓練用と検証用のDataLoaderを作っていきます（リスト4.13）。なお、ここでは画像のリサイズなど、データ加工のCPU処理が多いのでDataLoaderのnum_workersを増やしてこの部分を並列化し、全体のスループットを上昇させています。筆者の環境ではCPUが4コアなのでnum_workers=4を指定しました。

これでデータの準備は完了です。

リスト4.13 訓練用と検証用のDataLoaderを作成

In

```
train_data = DownSizedPairImageFolder(
    "<your_path>/lfw-deepfunneled/train",
    transform=transforms.ToTensor())
test_data = DownSizedPairImageFolder(
    "<your_path>/lfw-deepfunneled/test",
    transform=transforms.ToTensor())

batch_size = 32
train_loader = DataLoader(train_data, batch_size=batch_size,
                          shuffle=True, num_workers=4)
test_loader = DataLoader(test_data, batch_size=batch_size,
                         shuffle=False, num_workers=4)
```

任意のディレクトリを指定

任意のディレクトリを指定

4.4.2 モデルの作成

ネットワークはConv2dとConvTransposed2dにstride=2を設定して積み重ねたCNNを用意します。stride=2は畳み込みのカーネルをずらす時に2ピクセルずつ動かすということです。Conv2dでこの設定をするとプーリング層の役割も兼ねますので、MaxPool2dを入れなくても画像のサイズが1/2になります。

一方ConvTransposed2dはTransposed Convolutionと呼ばれる一種の畳み込み演算で、畳み込みカーネルを行列に展開した時に通常の畳み込みの時の行列の転置（Transpose）になっています。Transposed Convolutionをstride=2で使用すると画像サイズがおおよそ2倍になります。すなわち、入力と出力の画像のサイズがちょうど通常の畳み込みと逆になっているのです。この性質を利用することで画像を拡大することができます。

リスト4.14ではConv2dを2つ、ConvTransposed2dを4つつなげたCNNを用意しました。これで4倍に拡大されます。活性化関数にはReLUを選択し、Batch Normalizationも使用します。畳み込み計算の都合上、微妙にサイズが2倍や1/2とずれてしまうのでpaddingを入れて調整しています。このあたりは実際にダミーのデータを入れて出力のサイズを確認しながら試行錯誤するとよいでしょう。

リスト4.14 モデルの作成

In

```
net = nn.Sequential(
    nn.Conv2d(3, 256, 4,
              stride=2, padding=1),
    nn.ReLU(),
    nn.BatchNorm2d(256),
    nn.Conv2d(256, 512, 4,
              stride=2, padding=1),
    nn.ReLU(),
    nn.BatchNorm2d(512),
    nn.ConvTranspose2d(512, 256, 4,
                       stride=2, padding=1),
    nn.ReLU(),
    nn.BatchNorm2d(256),
    nn.ConvTranspose2d(256, 128, 4,
                       stride=2, padding=1),
```

```
        nn.ReLU(),
        nn.BatchNorm2d(128),
        nn.ConvTranspose2d(128, 64, 4,
                           stride=2, padding=1),
        nn.ReLU(),
        nn.BatchNorm2d(64),
        nn.ConvTranspose2d(64, 3, 4,
                           stride=2, padding=1)
)
```


ネットワークの定義ができましたので、訓練部分を実装していきます。これまでと異なるのは回帰問題なので損失関数にMSEを使用する点です。元の画像と拡大した画像とのMSEを最小にするようにCNNを訓練します。MSEの計算にはnn.MSELossクラスのインスタンスを作る以外にもnn.functional.mse_lossという関数を使用するという方法もありますMEMO参照。画像や音声などの信号の復元問題ではMSEではなく、PSNRという指標をよく使用するのでここでも最後の結果の表示にはこれを利用します。ただし、PSNRはMSEと1対1で対応するので必ずしもこの作業は必要ではありません。PSNRは以下の式で計算できます。

```
PSNR = 10 * log10 (MAX_I^2 / MSE)
```

MEMO

nn.functional

nn.functionalの名前空間ではnnで定義されている様々なクラスをそのまま使用できる関数が用意されています。

MAX_Iは信号強度の最大値で8bitの符号なし整数の場合は255ですが、PyTorchでは画像を[0,1]の実数で表しますのでMAX_Iには1を代入します(リスト4.15)。

リスト4.15 PSNRの計算

In

```
import math
def psnr(mse, max_v=1.0):
    return 10 * math.log10(max_v**2 / mse)

# 評価のヘルパー関数
def eval_net(net, data_loader, device="cpu"):
    # DropoutやBatchNormを無効化
    net.eval()
    ys = []
    ypreds = []
    for x, y in data_loader:
        x = x.to(device)
        y = y.to(device)
        with torch.no_grad():
            y_pred = net(x)
        ys.append(y)
        ypreds.append(y_pred)
    # ミニバッチごとの予測結果などを1つにまとめる
    ys = torch.cat(ys)
    ypreds = torch.cat(ypreds)
    # 予測精度(MSE)を計算
    score = nn.functional.mse_loss(ypreds, ys).item()
    return score

# 訓練のヘルパー関数
def train_net(net, train_loader, test_loader,
              optimizer_cls=optim.Adam,
              loss_fn=nn.MSELoss(),
              n_iter=10, device="cpu"):
    train_losses = []
    train_acc = []
    val_acc = []
    optimizer = optimizer_cls(net.parameters())
    for epoch in range(n_iter):
        running_loss = 0.0
        # ネットワークを訓練モードにする
        net.train()
```

```
        n = 0
        score = 0
        # 非常に時間がかかるのでtqdmを
        # 使用してプログレスバーを出す
        for i, (xx, yy) in tqdm.tqdm(enumerate(train_➡
loader),
            total=len(train_loader)):
            xx = xx.to(device)
            yy = yy.to(device)
            y_pred = net(xx)
            loss = loss_fn(y_pred, yy)
            optimizer.zero_grad()
            loss.backward()
            optimizer.step()
            running_loss += loss.item()
            n += len(xx)
        train_losses.append(running_loss / len(train_➡
loader))
        # 検証データの予測精度
        val_acc.append(eval_net(net, test_loader, ➡
device))
        # このepochでの結果を表示
        print(epoch, train_losses[-1],
              psnr(train_losses[-1]), psnr(➡
val_acc[-1]), flush=True)
```

GPUで10回ほどイテレーションを回します（リスト4.16）。

リスト4.16 複数回の演算（10回）

In

```
net.to("cuda:0")
train_net(net, train_loader, test_loader, device="cuda:0")
```

Out

```
100%|**| 409/409 [00:39<00:00, 10.48it/s]
0 0.017855500012253635 17.482279836385406 25.252477575679613
100%|**| 409/409 [00:39<00:00, 10.45it/s]
1 0.0032189228471760207 24.922894325866054 24.594987626612376
```

```
(・・・中略・・・)
100%|**| 409/409 [00:39<00:00, 10.40it/s]
9 0.0021821165788681917 26.611220510864925 27.10737505859327
```

CNNの訓練ができました。リスト4.17のようにしていくつかの画像を実際に拡大してオリジナルと比較してみましょう。また、一般的に使用されるBilinear補間で拡大した例も合わせて画像として出力します。画像への出力にはtorchvision.utils.save_image MEMO参照が便利です。この関数はTensorのリストを受け取り、グリッド表示にして画像ファイルとして書き出すことができます。

MEMO

- **torchvision.utils.save_image**
  URL https://pytorch.org/docs/stable/torchvision/utils.html

リスト4.17 画像を拡大してオリジナルと比較する

In

```
from torchvision.utils import save_image

# テストのデータセットからランダムに4つずつ取り出すDataLoader
random_test_loader = DataLoader(test_data, batch_➡
size=4, shuffle=True)
# DataLoaderをPythonのイテレータに変換し、4つ例を取り出す
it = iter(random_test_loader)
x, y = next(it)

# Bilinearで拡大
bl_recon = torch.nn.functional.upsample(x, 128, mode=➡
"bilinear", align_corners=True)
# CNNで拡大
yp = net(x.to("cuda:0")).to("cpu")

# torch.catでオリジナル,Bilinear,CNNの画像を結合し
# save_imageで画像ファイルに書き出し
save_image(torch.cat([y, bl_recon, yp], 0), "cnn_➡
upscale.jpg", nrow=4)
```

Out

```
# 図4.6 を参照（Colaboratoryの場合はMEMO参照）
```

拡大例を 図4.6 に示します。このようにCNNを利用するとBilinear補間とは別次元の高いクオリティの拡大画像を作成できます。

図4.6 顔画像の拡大結果：（上）オリジナル、（中）Bilinear補間、（下）CNN

MEMO

Colaboratoryにおける画像の表示

Colaboratoryの場合、以下のコマンドを実行すれば画像が表示されます。

```
from IPython.display import Image,display_jpeg
display_jpeg(Image('cnn_upscale.jpg'))
```

4.5 DCGANによる画像生成

最後に敵対的生成ネットワーク（Generative Adversarial Network、GAN）、特にCNNと組み合わせたDeep Convolutional Generative Adversarial Networks（DCGAN）という仰々しい名前のモデルを使用した画像生成を紹介します。GANは深層学習の領域において現在最もホットなトピックの1つです。DCGANをはじめ様々なモデルが提案されており、実際に画像を生成できるということもあって非常に注目されている技術です。

4.5.1 GANとは

GANは通常のニューラルネットワークの学習とは異なり、生成モデル(Generator) Gと識別モデル（Discriminator）Dの2つを用意し、交互に学習を進めていきます。GはあるK次元の潜在特徴ベクトルを入力として受け取り、対象（例えば64×64ピクセルの画像）と同じ形式のデータを生成するニューラルネットワークです。Dはこれまで扱ってきたのと同様に対象のデータを入力として真偽を識別するニューラルネットワークです。GANの学習の手順について数式を使用せずに言葉で説明すると概ね以下のようになります。

1. 潜在特徴ベクトルzを乱数により生成し、G(z)によって偽のデータ(fake_data)を生成する。fake_data ← G(z)
2. fake_dataをDで判別する。 fake_out ← D(fake_data)
3. 実際のデータのサンプル(real_data)を用意し、Dで判別する。 real_out ←D(real_data)
4. fake_outのラベルが正例(1)だとしてクロスエントロピー関数を計算し、Gのパラメータを更新する
5. real_outのラベルが正例、fake_outのラベルが負例(0)だとしてクロスエントロピー関数を計算し、Dのパラメータを更新する。
6. 1に戻る。

4においてGが生成したデータがうまくDを騙せたとしてGを更新し、逆に5においてはDがそれをうまく見破ったとしてDを更新するというように交互に訓練するのがポイントです。GやDに深いCNNを使用したものがDCGANです。

4.5.2 データの準備

実際にDCGANをPyTorchで実装する前に使用するデータの準備をします。ここではOxford 102という花のデータセットを使用します。102種類の花を含み、およそ8000枚からなる画像のデータセットです。データは以下のURLにある`Dataset images`からダウンロードできます。

- **102 Category Flower Dataset**
  URL http://www.robots.ox.ac.uk/~vgg/data/flowers/102/

ダウンロードして、解凍したら`ImageFolder`で読み取るために図4.7のようなディレクトリ構成にしてください。

```
oxford-102/
  └── jpg/
        ├── image_00000.jpg
        └── image_00001.jpg
        ...
```

図4.7 ImageFolderのディレクトリ

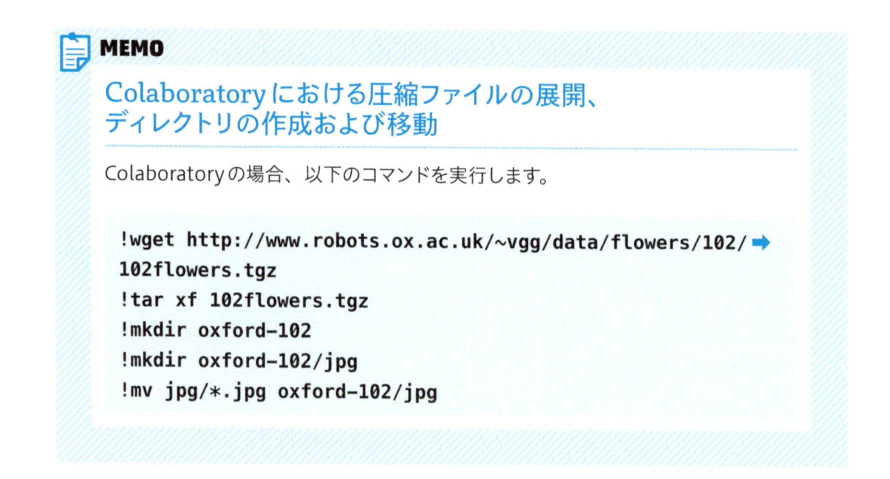

MEMO

Colaboratoryにおける圧縮ファイルの展開、ディレクトリの作成および移動

Colaboratoryの場合、以下のコマンドを実行します。

```
!wget http://www.robots.ox.ac.uk/~vgg/data/flowers/102/➡
102flowers.tgz
!tar xf 102flowers.tgz
!mkdir oxford-102
!mkdir oxford-102/jpg
!mv jpg/*.jpg oxford-102/jpg
```

ディレクトリとファイルの準備ができたら、いつものように`DataLoader`の準備をします（リスト4.18）。ここでは64×64ピクセルの画像を生成しますのでこのデータセットの画像は一度最も短い辺を80ピクセルにリサイズし、中心の64×64ピクセルをクロップするという変換を施します。これでデータの準備は完了です。

リスト4.18 DataLoaderの準備

In

```
img_data = ImageFolder("<your_path>/oxford-102/",
    transform=transforms.Compose([
        transforms.Resize(80),
        transforms.CenterCrop(64),
        transforms.ToTensor()
]))

batch_size = 64
img_loader = DataLoader(img_data, batch_size=batch_size,
                        shuffle=True)
```

任意のディレクトリを指定

4.5.3 PyTorchによるDCGAN

PyTorchを使用してDCGANを作っていきます。ここで紹介する実装はDCGANの元論文「dcgan-paper」MEMO参照 とPyTorchの公式のサンプルプログラムにあるDCGANの実装「dcgan-pytorch-example」MEMO参照 をベースにできるだけわかりやすいように筆者が変更しています。

MEMO

DCGAN原著論文

- **Unsupervised Representation Learning with Deep Convolutional Generative Adversarial Networks（「dcgan-paper」と一般的に呼ばれている）**
  URL https://arxiv.org/pdf/1511.06434.pdf

MEMO

dcgan-pytorch-example

- **Deep Convolution Generative Adversarial Networks（「dcgan-pytorch-example」と一般的に呼ばれている）**
  URL https://github.com/pytorch/examples/tree/master/dcgan

潜在特徴ベクトルzを100次元にする

まずは潜在特徴ベクトルzを100次元とします。このzから3×64×64（3は3色なので）の画像を作る生成モデルを組み立てます。4.4節で扱ったTransposed Convolution（ConvTransposed2d）を使用します（リスト4.19）。

リスト4.19 画像の生成モデルを組み立てる

In

```
nz = 100
ngf = 32

class GNet(nn.Module):
    def __init__(self):
        super().__init__()
        self.main = nn.Sequential(
            nn.ConvTranspose2d(nz, ngf * 8,
                               4, 1, 0, bias=False),
            nn.BatchNorm2d(ngf * 8),
            nn.ReLU(inplace=True),
            nn.ConvTranspose2d(ngf * 8, ngf * 4,
                               4, 2, 1, bias=False),
            nn.BatchNorm2d(ngf * 4),
            nn.ReLU(inplace=True),
            nn.ConvTranspose2d(ngf * 4, ngf * 2,
                               4, 2, 1, bias=False),
            nn.BatchNorm2d(ngf * 2),
            nn.ReLU(inplace=True),
            nn.ConvTranspose2d(ngf * 2, ngf,
                               4, 2, 1, bias=False),
            nn.BatchNorm2d(ngf),
            nn.ReLU(inplace=True),
            nn.ConvTranspose2d(ngf, 3,
                               4, 2, 1, bias=False),
            nn.Tanh()
        )

    def forward(self, x):
        out = self.main(x)
        return out
```

Transposed Convolutionを全部で5回繰り返しています。これにより、まずは100×1×1のzが256×4×4に変換され、最終的には3×64×64になります。100ではなく、100×1×1というように画像と同じようにCHWの次元でzを作るのがポイントです。

Transposed Convolutionによって、画像のサイズは以下のように変化しますので、自分で組む場合はこれから逆算してください。

```
out_size = (in_size - 1) * stride - 2 * padding \
    + kernel_size + output_padding
```

例えば1つ目のTransposed Convolutionですと、以下のようになります。

```
in_size = 1
stride = 1
padding = 0
kernel_size = 4
output_padding = 0
```

ですので、(1－1) ＊1－2＊0＋4＋0 ＝ 4となります。活性化関数の選択や、Batch Normalizationを使用するというのは元論文で提案されている設定です。

識別モデルの作成

次に識別モデルです。こちらは3×64×64の画像を最終的には1次元のスカラーに変換するネットワークを組みます。いろいろなやり方がありますが、元論文では線形層をいっさい使用しない方法を推奨していますので、ここでもそれにしたがって実装します（リスト4.20）。

リスト4.20 画像の識別モデルを組み立てる

In

```
ndf = 32

class DNet(nn.Module):
    def __init__(self):
        super().__init__()
        self.main = nn.Sequential(
            nn.Conv2d(3, ndf, 4, 2, 1, bias=False),
```

```
            nn.LeakyReLU(0.2, inplace=True),
            nn.Conv2d(ndf, ndf * 2, 4, 2, 1, bias=False),
            nn.BatchNorm2d(ndf * 2),
            nn.LeakyReLU(0.2, inplace=True),
            nn.Conv2d(ndf * 2, ndf * 4, 4, 2, 1, bias=False),
            nn.BatchNorm2d(ndf * 4),
            nn.LeakyReLU(0.2, inplace=True),
            nn.Conv2d(ndf * 4, ndf * 8, 4, 2, 1, bias=False),
            nn.BatchNorm2d(ndf * 8),
            nn.LeakyReLU(0.2, inplace=True),
            nn.Conv2d(ndf * 8, 1, 4, 1, 0, bias=False),
        )

    def forward(self, x):
        out = self.main(x)
        return out.squeeze()
```

5回の畳み込み演算で3×64×64の画像が最終的には1×1×1になります。そしてforwardの最後にあるsqueezeはA×1×B×1のように無駄に1が入っているshapeをA×Bのように削ぎ落とす操作です。

Conv2dは入力も出力も(batch_size, channel, height, width)のようになっていて、ここでは最終的に(batch_size, 1, 1, 1)となるのでsqueezeでこの余分な次元を削除します。

訓練関数の作成

次に訓練関数を作っていきます（リスト4.21）。まずはネットワークやオプティマイザーなどを準備します。DCGANもすごく時間のかかる計算ですのでGPUは必須です。ここでは特にCPUの場合分けはしません。

リスト4.21 訓練関数の作成

In

```
d = DNet().to("cuda:0")
g = GNet().to("cuda:0")

# Adamのパラメータは元論文の提案値
opt_d = optim.Adam(d.parameters(),
    lr=0.0002, betas=(0.5, 0.999))
```

```
opt_g = optim.Adam(g.parameters(),
    lr=0.0002, betas=(0.5, 0.999))

# クロスエントロピーを計算するための補助変数など
ones = torch.ones(batch_size).to("cuda:0")
zeros = torch.zeros(batch_size).to("cuda:0")
loss_f = nn.BCEWithLogitsLoss()

# モニタリング用のz
fixed_z = torch.randn(batch_size, nz, 1, 1).to("cuda:0")
```

fixed_zは訓練のモニタリング用で、訓練が進むに連れてこれがどのような画像になるのかを見ていきます。実際の訓練関数はリスト4.22のようになります。

リスト4.22 訓練関数

In

```
from statistics import mean

def train_dcgan(g, d, opt_g, opt_d, loader):
    # 生成モデル、識別モデルの目的関数の追跡用の配列
    log_loss_g = []
    log_loss_d = []
    for real_img, _ in tqdm.tqdm(loader):
        batch_len = len(real_img)

        # 実際の画像をGPUにコピー
        real_img = real_img.to("cuda:0")

        # 偽画像を乱数と生成モデルから作る
        z = torch.randn(batch_len, nz, 1, 1).to("cuda:0")
        fake_img = g(z)

        # 後で使用するので偽画像の値のみ取り出しておく
        fake_img_tensor = fake_img.detach()

        # 偽画像に対する生成モデルの評価関数を計算する
        out = d(fake_img)
        loss_g = loss_f(out, ones[: batch_len])
        log_loss_g.append(loss_g.item())
```

```
        # 計算グラフが生成モデルと識別モデルの両方に
        # 依存しているので両者とも勾配をクリアしてから
        # 微分の計算とパラメータ更新を行う
        d.zero_grad(), g.zero_grad()
        loss_g.backward()
        opt_g.step()

        # 実際の画像に対する識別モデルの評価関数を計算
        real_out = d(real_img)
        loss_d_real = loss_f(real_out, ones[: batch_len])

        # PyTorchでは同じTensorを含んだ計算グラフに対して
        # 2回backwardを行うことができないので保存してあった
        # Tensorを使用して無駄な計算を省く
        fake_img = fake_img_tensor

        # 偽画像に対する識別モデルの評価関数の計算
        fake_out = d(fake_img_tensor)
        loss_d_fake = loss_f(fake_out, zeros[: batch_➡
len])

        # 実偽の評価関数の合計値
        loss_d = loss_d_real + loss_d_fake
        log_loss_d.append(loss_d.item())

        # 識別モデルの微分計算とパラメータ更新
        d.zero_grad(), g.zero_grad()
        loss_d.backward()
        opt_d.step()

    return mean(log_loss_g), mean(log_loss_d)
```

DCGANの訓練の開始

これですべての準備完了です。DCGANの訓練をはじめましょう（リスト4.23）。300回繰り返しますが、100回前後でもすでによい品質の画像を生成できていますのでそこで止めても問題ありません。

リスト4.23 DCGANの訓練

In

```
for epoch in range(300):
    train_dcgan(g, d, opt_g, opt_d, img_loader)
    # 10回の繰り返しごとに学習結果を保存する
    if epoch % 10 == 0:
        # パラメータの保存
        torch.save(
            g.state_dict(),
            "<out_path>/g_{:03d}.prm".format(epoch),
            pickle_protocol=4)   任意のディレクトリを指定
        torch.save(
            d.state_dict(),
            "<out_path>/d_{:03d}.prm".format(epoch),
            pickle_protocol=4)   任意のディレクトリを指定
        # モニタリング用のzから生成した画像を保存
        generated_img = g(fixed_z)
        save_image(generated_img,
                   "<out_path>/{:03d}.jpg".format(epoch))
                                 任意のディレクトリを指定
```

Out（出力に時間がかかります）

```
# 図4.8 を参照
```

torch.saveはネットワークのパラメータをディスクに保存するために使用します。詳しくは第7章で説明します。

筆者の環境では300回のイテレーションを回すのに40-50分くらい要しました。最終的にfixed_zから図4.8のような画像を生成しました。

MEMO

Colaboratoryにおける画像の表示

Colaboratoryの場合、以下のコマンドを実行します。

```
from IPython.display import Image,display_jpeg
display_jpeg(Image('oxford-102/000.jpg'))
```

図4.8 (左上) epoch=1、(左下) epoch=50、(右上) epoch=150、(右下) epoch=300。
はじめは全くのノイズのような画像が徐々に花の形になっていく様子が観測できる

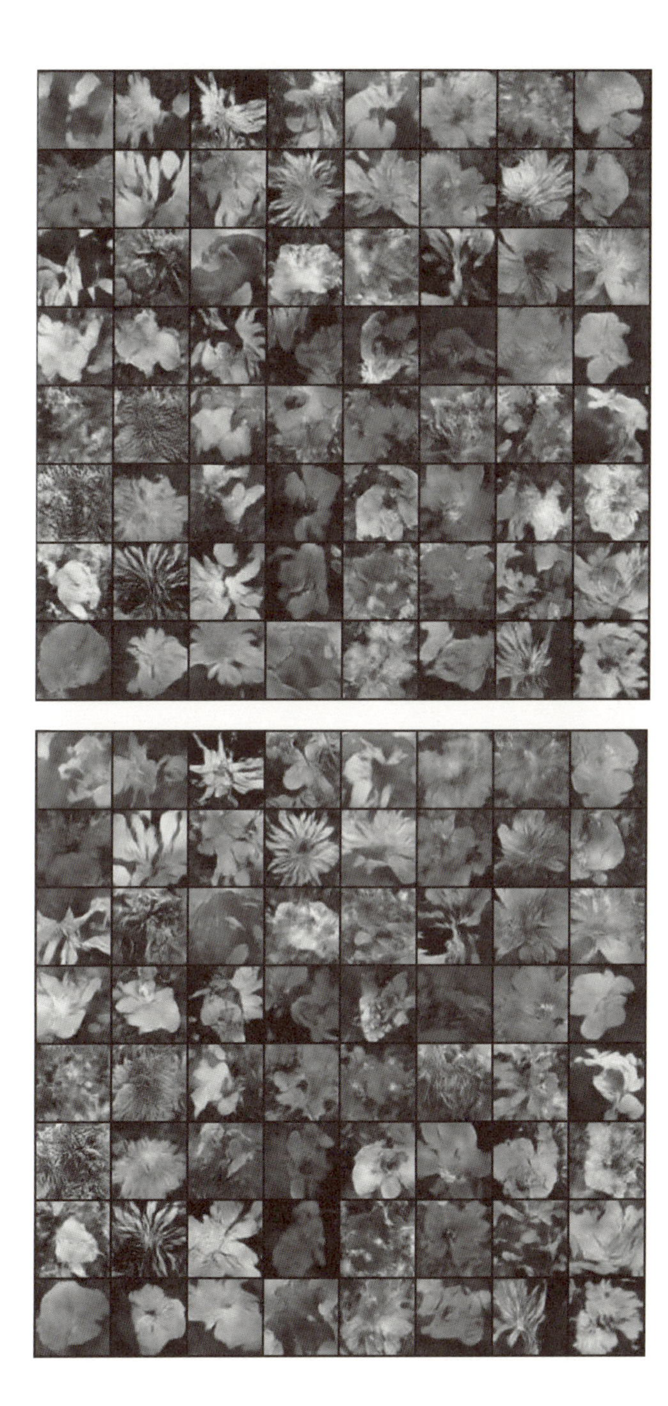

GANの画像生成への応用は幅広く研究されており、BEGAN、WGAN、CycleGAN、DiscoGAN、StarGANなど様々なモデルが提案されています。そして注目すべきは、これらのモデルはすべてPyTorchの実装でGitHubに公開されていることです。このように研究者に支持され、最新の研究の実装がすぐに登場するのがPyTorchの他のフレームワークに対する強みの1つと言えるでしょう。興味のある読者はぜひソースコードを入手し、実際に実行したりソースコードを読んだりしてみるとよいでしょう。

4.6 まとめ

本章で解説した内容をまとめました。

PyTorchによるCNNの構築や学習について見てきました。PyTorchは様々な学習済みのCNNモデルを含んでいますので、これを利用して転移学習を行うことによって多量の画像データを持っていなくても自前のデータに対するモデルを組むことができます。また、画像の高解像度化やDCGANなどのCNNは画像生成にも使用できます。

自然言語処理と回帰型ニューラルネットワーク

この章ではテキストデータや自然言語処理を題材に時系列データを扱う際によく用いられる回帰型ニューラルネットワーク（Recurrent Neural Network、RNN）を見ていきます。
RNNはCNNなどと異なり、これまでの入力を記憶して次の出力に反映することができ、文脈や履歴、流れを加味することで時系列の分析に威力を発揮します。時系列データはテキストデータ以外にも音声データ、経済指標データなど様々な分野に登場するため、RNNはそれらに応用できる重要なモデルです。RNNも様々な形式の問題を解くことができます。ここでは、

1. 文章のクラス分類
2. 文章生成
3. 機械翻訳

の3種類の問題をRNNで解いていく方法を説明します。

5.1 RNNとは

ここでは再帰構造などのRNNの基本的な構造について説明します。

RNNが通常のニューラルネットワークと異なる点は内部状態を保持しているという点です。ある時点tでの入力$x(t)$と前の時点での内部状態$h(t-1)$を入力すると新しい内部状態$h(t)$が得られ、この$h(t)$をさらに線形層などで目的の出力$o(t)$に変換するという流れになります。

$x(1)$から$x(t)$までこれを繰り返していくと内部状態も$h(0)$から$h(1)$、$h(2)$、$h(3)$と次々に更新されていき、出力$o(t)$も現在の状態に依存して変化していきます。図5.1はこの流れを可視化したものです。

最もシンプルなRNNであるElman Networkでは、$x(t)$と$h(t-1)$から$h(t)$に変換する部分が線形層と活性化関数になっています。

さて、図5.1のようにRNNを時間方向に展開してみると、実はRNNはネットワークが一直線に積み重なっており、FeedForward型のニューラルネットワークと同じ構造をしていることに気付いたかもしれません。

しかしRNNは通常のニューラルネットワークよりも訓練することが一般的には困難です。長い時間に渡る履歴を取り込もうと思うとそれだけ深いネットワークと同じになり、勾配消失や勾配発散などの問題が発生します。

これを解決するものとして単純な線形層ではなく、より洗練されたいくつかの処理をまとめたモジュールのブロックで置き換えたLSTM（Long Short Term Memory）やGRU（Gated Recurrent Unit）などのRNNも考案されています。

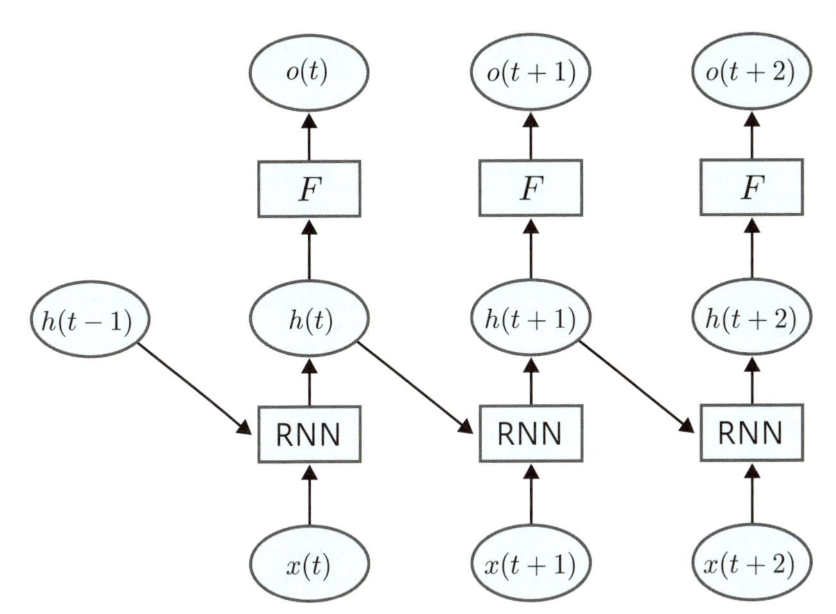

図5.1 RNNのネットワーク表現。新しい内部状態$h(t)$は前の内部状態$h(t-1)$と入力$x(t)$によって生成され、$h(t)$はさらに任意の何らかの関数Fによって最終的な出力$o(t)$に変換される。この流れが次々に繰り返される

5.2 テキストデータの数値化

ここではテキストデータを扱う際によく使用する前処理や数値化の手法について紹介します。特に数値化では代表的なものとしてBoWとEmbeddingを扱います。

実際にRNNを触る前にまずはテキストデータを数値に変換する方法について見ていきましょう。大きく分けて次の3ステップに分かれます。

1. 正規化とトークン化
2. 辞書の構築
3. 数値への変換

正規化とトークン化

1の**正規化とトークン化**では文章を何らかの単位のリストに分割します。例えば単語や文字などが分割単位として考えられます。単語単位に分割する際には英語などのヨーロッパ系言語では単純にスペースで区切ればよいですが、日本語や中国語などの場合には形態素解析 MEMO参照 などの処理が必要になる場合もあります。

トークン化と同時に表記ゆれなどの正規化も同時に行います。例えば大文字を小文字、半角仮名を全角仮名に統一したり、`isn't`を`is not`にしたりするなどの処理を必要に応じて行います。

MEMO

形態素解析

自然言語のテキストから、特定の辞書や文法に基づき、テキストを読み品詞などの要素に分ける処理のこと。

辞書の構築

2の**辞書の構築**ではすべての文章の集合（Corpus）MEMO参照についてトークンを集め、数字のIDを振っていく作業です。IDは単純に登場した順でもいいですし、頻度順でもいいです。

数値への変換

最後の**数値への変換**はトークンのリストとして分割された文章を2で構築した辞書を使用してIDのリストに変換する作業です。

MEMO

Corpus

コーパスと言います。自然言語の文章を構造化して、まとめたもの。

この一連の作業で1つの長い文字列だった文章が最終的には数値のリストに変換されます。この数値のリストをさらに集計し、各IDの出現回数のベクトルとして表すものが**Bag of Words（BoW）**と呼ばれるものです。例えば以下のようになります。

```
(I, you, am, of, ...) = (1, 0, 1, 3, ...)
```

BoWは計算が簡単であり、複数の文章をまとめると疎行列として表現できるので非常に効率がよいというメリットがありますが、トークンの順番という重要な情報が失われてしまうという問題点もあります。そこでニューラルネットワークでは**Embedding**という手法でトークンをベクトルに変換し、ベクトルデータの時系列として文章を扱うことが主流です。

PyTorchでは`nn.Embedding`を使用することでEmbedding層を作ることができます。例えば全部で10000種類のトークンがあり、これを20次元のベクトルで表現する場合は、リスト5.1のように記述します。

リスト5.1 全部で10000種類のトークンを20次元のベクトルで表現する場合

In

```
emb = nn.Embedding(10000, 20, padding_idx=0)
# Embedding層への入力はint64のTensor
inp = torch.tensor([1, 2, 5, 2, 10], dtype=torch.int64)
# 出力はfloat32のTensor
out = emb(inp)
```

nn.Embeddingはpadding_idxを指定することでそのIDはすべて0のベクトルに変換します。辞書にないトークンはすべてIDを0にし、実際のIDは1からはじめるというように使用するとよいでしょう。その場合トークンの種類は0を含めた数をnn.Embeddingの1つ目の引数に入力してください。

なお、nn.Embeddingも微分可能であり、これの内部の重みパラメータもネットワーク全体の訓練時に最適化することができますし、他の問題で事前に学習したnn.Embeddingを利用するということも可能ですMEMO参照。

MEMO

事前学習済み（Pretrained Embedding）

本書では扱いませんが、Word2Vecで一躍有名になったContinuous-BOWやSkip-Gramなどの単純なモデルを使用して事前学習することが多いです。

5.3 RNNと文章のクラス分類

この節では文章のクラス分類を扱います。例えばニュースのジャンル分類やレビュー文章のポジネガ分類などに応用できます。なお、時系列の分類問題は一般的に系列ラベリングと呼ばれます。

5.3.1 IMDbレビューデータセット

IMDbは本書執筆時点（2018年8月現在）ではAmazon社によって運営されている大手の映画やテレビドラマのレビューサイトであり、レビューは0から10までのスコアが付けられます。ここからスタンフォード大学の研究者らが50000件のレビューを抽出し、文章のポジネガ分析のベンチマークデータセットとして公開しています。データセットは以下のURLから入手できます。

- **Large Movie Review Dataset**
  URL http://ai.stanford.edu/~amaas/data/sentiment/aclImdb_v1.tar.gz

データをダウンロードして、解凍すると、図5.2のようなディレクトリ構造になっています。

図5.2 IMDbレビューデータセットのディレクトリ構造（.featや.txtの拡張子のファイルは割愛している）

imdb.vocabは、このレビューに登場しているすべての単語を事前に抽出したボキャブラリファイルです。train/posには訓練用のポジティブなレビューのテキストファイルが大量に入っていて、他も同様です。

以降、このデータセットを読み込むDatasetを作っていきましょう。

MEMO

Colaboratoryにおける圧縮ファイルの展開

Colaboratoryの場合、以下のコマンドを実行します。

```
!wget http://ai.stanford.edu/~amaas/data/sentiment/➡
aclImdb_v1.tar.gz
!tar xf aclImdb_v1.tar.gz
```

2つの関数を用意

まずは リスト5.2 の2つの関数を用意します。

リスト5.2 関数の作成

In

```
import glob
import pathlib
import re

remove_marks_regex = re.compile("[,\.\(\)\[\]\*:;]|<.*?>")
shift_marks_regex = re.compile("([?!])")

def text2ids(text, vocab_dict):
    # !?以外の記号の削除
    text = remove_marks_regex.sub("", text)
    # !?と単語の間にスペースを挿入
    text = shift_marks_regex.sub(r" \1 ", text)
    tokens = text.split()
    return [vocab_dict.get(token, 0) for token in tokens]

def list2tensor(token_idxes, max_len=100, padding=True):
    if len(token_idxes) > max_len:
        token_idxes = token_idxes[:max_len]
    n_tokens = len(token_idxes)
    if padding:
        token_idxes = token_idxes \
            + [0] * (max_len - len(token_idxes))
```

```
        return torch.tensor(token_idxes, dtype=➡
torch.int64), n_tokens
```

text2idsは長い文字列をトークンIDのリストに変換する関数です。正規表現を使用して句読点や括弧などの記号を除去すると共に、!や?と単語との間にスペースを挿入して単語と別々にトークンとして分けられるようにしています。これはimdb.vocabにこの2つの記号も含まれているためです。ボキャブラリに含まれていないトークンはID=0を割り当てます。

list2tensorはIDのリストをint64のTensorに変換する関数です。変換の際に、各文章の分割後のトークンの数を制限し、逆にその数に満たない場合は末尾を0で埋めるという操作を行っています。

Datasetクラスの作成

この2つの関数を使用して次のようにDatasetクラスを作ります（リスト5.3）。コンストラクタ内でテキストファイルのパスとラベルをまとめたtupleのlistを作り、__getitem__内でそのファイルを実際に読み取ってTensorに変換しているのがポイントです。

Tensorはmax_lenで指定される長さにパディングされて統一されるので、その後の扱いが容易になります。また、0でパディングする前のもともとの長さもn_tokensも後で必要ですので一緒に返します。

リスト5.3 Datasetクラスの作成

In

```
import torch
from torch import nn, optim
from torch.utils.data import (Dataset,
                              DataLoader,
                              TensorDataset)
import tqdm
```

In

```
class IMDBDataset(Dataset):
    def __init__(self, dir_path, train=True,
                 max_len=100, padding=True):
        self.max_len = max_len
```

```
        self.padding = padding

        path = pathlib.Path(dir_path)
        vocab_path = path.joinpath("imdb.vocab")

        # ボキャブラリファイルを読み込み、行ごとに分割
        self.vocab_array = vocab_path.open() \
                              .read().strip().splitlines()
        # 単語をキーとし、値がIDのdictを作る
        self.vocab_dict = dict((w, i+1) \
            for (i, w) in enumerate(self.vocab_array))

        if train:
            target_path = path.joinpath("train")
        else:
            target_path = path.joinpath("test")
        pos_files = sorted(glob.glob(
            str(target_path.joinpath("pos/*.txt"))))
        neg_files = sorted(glob.glob(
            str(target_path.joinpath("neg/*.txt"))))
        # posは1, negは0のlabelを付けて
        # (file_path, label)のtupleのリストを作成
        self.labeled_files = \
            list(zip([0]*len(neg_files), neg_files )) + \
            list(zip([1]*len(pos_files), pos_files))

    @property
    def vocab_size(self):
        return len(self.vocab_array)

    def __len__(self):
        return len(self.labeled_files)

    def __getitem__(self, idx):
        label, f = self.labeled_files[idx]
        # ファイルのテキストデータを読み取って小文字に変換
        data = open(f).read().lower()
        # テキストデータをIDのリストに変換
        data = text2ids(data, self.vocab_dict)
        # IDのリストをTensorに変換
```

```
        data, n_tokens = list2tensor(data, ➡
self.max_len, self.padding)
        return data, label, n_tokens
```

訓練用とテスト用のDataLoaderの作成

後はこれまでの章と同様にこれを利用して訓練用とテスト用のDataLoaderを作成します（リスト5.4）。

リスト5.4 訓練用とテスト用のDataLoaderの作成

In

```
train_data = IMDBDataset("<your_path>/aclImdb/")
test_data = IMDBDataset("<your_path>/aclImdb/", ➡
train=False)
train_loader = DataLoader(train_data, batch_size=32,
                          shuffle=True, num_workers=4)
test_loader = DataLoader(test_data, batch_size=32,
                         shuffle=False, num_workers=4)
```

任意のディレクトリを指定

任意のディレクトリを指定

5.3.2 ネットワーク定義と訓練

ここで解こうとしている問題は、「ある整数の時系列Xが入力された時に0か1かを出力する2値分類問題」です。これまで説明してきたことをまとめると、**入力XをEmbeddingでベクトルの時系列に変換して、これをRNNに入れて最後に出力が1次元の線形層へとつなげればよい**ことがわかると思います。リスト5.5がネットワークの定義です。

リスト5.5 ネットワークの定義

In

```
class SequenceTaggingNet(nn.Module):
    def __init__(self, num_embeddings,
                 embedding_dim=50,
                 hidden_size=50,
                 num_layers=1,
                 dropout=0.2):
        super().__init__()
```

```
        self.emb = nn.Embedding(num_embeddings, ➡
embedding_dim,
                                padding_idx=0)
        self.lstm = nn.LSTM(embedding_dim,
                                hidden_size, num_layers,
                                batch_first=True, ➡
dropout=dropout)
        self.linear = nn.Linear(hidden_size, 1)

    def forward(self, x, h0=None, l=None):
        # IDをEmbeddingで多次元のベクトルに変換する
        # xは(batch_size, step_size)
        # -> (batch_size, step_size, embedding_dim)
        x = self.emb(x)
        # 初期状態h0と共にRNNにxを渡す
        # xは(batch_size, step_size, embedding_dim)
        # -> (batch_size, step_size, hidden_dim)
        x, h = self.lstm(x, h0)
        # 最後のステップのみ取り出す
        # xは(batch_size, step_size, hidden_dim)
        # -> (batch_size, 1)
        if l is not None:
            # 入力のもともとの長さがある場合はそれを使用する
            x = x[list(range(len(x))), l-1, :]
        else:
            # なければ単純に最後を使用する
            x = x[:, -1, :]
        # 取り出した最後のステップを線形層に入れる
        x = self.linear(x)
        # 余分な次元を削除する
        # (batch_size, 1) -> (batch_size, )
        x = x.squeeze()
        return x
```

PyTorchでは、Elman型RNNは`nn.RNN`、LSTMは`nn.LSTM`、GRUは`nn.GRU`で使用でき、ここでは`nn.LSTM`を使用しています。以降この3種類の層を**PyTorchのRNN系**と呼びます。PyTorchのRNN系はいずれも複数ステップの入力を受け取って複数ステップの出力と最後の内部状態を返す仕様になっています。

5.1節で説明したように、入力を1ステップずつRNN関数に入れる必要はありません。また、PyTorchのRNN系は入力次元、隠れ層（内部状態）の次元の他に層数(num_layers)、batch_first、dropoutなどの引数を指定できます。入力次元はその前のEmbeddingの出力の次元と同じになります。

PyTorchのRNN系はRNNを何層もつなげることができ、その数をnum_layersで指定できます。この際に正則化として最後のRNN層以外の出力には、Dropoutをかけることができて、この確率のパラメータとしてdropoutを指定できます。batch_firstは入力のフォーマットを指定するオプションです。

PyTorchのRNN系は入出力の次元が（ステップ数、バッチ数、特徴数）の順番がデフォルトになっていますが、batch_first=Trueを指定することで(バッチ数、ステップ数、特徴数）の順番に変えることができます。他のネットワーク層では必ず1つ目の次元はバッチ数なので筆者は後者のほうが直感的で扱いやすいと考えています。

forward関数には入力のx以外に内部状態の初期値を指定する必要がありますが、Noneを指定するとすべて0のベクトルを入力したのと同じになります。

RNNの出力のうち、最後のステップのみを線形層に渡して、最終的に(バッチ数, 1) 次元の出力をsqueezeメソッドで(バッチ数,) のように、2クラスの識別問題で使う形に変換しています。

最後のステップを抽出する部分はIMDBDatasetが返すn_tokensの情報を使用し、Advanced-Indexing MEMO参照 を用いています。

MEMO

Advanced-Indexing

Advanced-indexingについては以下のフォーラムなどで確認してください。

- **PyTorch：Select tensor in a batch of sequences**
  URL https://discuss.pytorch.org/t/select-tensor-in-a-batch-of-sequences/8613/2

訓練/評価の作成

後はこれまでの章と同様に、訓練/評価コードを記述します（リスト5.6、リスト5.7）。2クラス分類ですので損失関数には リスト2.9 と同様にnn.BCEWithLogitsLossを使用します。

リスト5.6 訓練の作成

In

```
def eval_net(net, data_loader, device="cpu"):
    net.eval()
    ys = []
    ypreds = []
    for x, y, l in data_loader:
        x = x.to(device)
        y = y.to(device)
        l = l.to(device)
        with torch.no_grad():
            y_pred = net(x, l=l)
            y_pred = (y_pred > 0).long()
            ys.append(y)
            ypreds.append(y_pred)
    ys = torch.cat(ys)
    ypreds = torch.cat(ypreds)
    acc = (ys == ypreds).float().sum() / len(ys)
    return acc.item()
```

リスト5.7 評価の作成

In

```
from statistics import mean

# num_embeddingsには0を含めてtrain_data.vocab_size+1を入れる
net = SequenceTaggingNet(train_data.vocab_size+1, ➡
num_layers=2)
net.to("cuda:0")
opt = optim.Adam(net.parameters())
loss_f = nn.BCEWithLogitsLoss()

for epoch in range(10):
    losses = []
    net.train()
    for x, y, l in tqdm.tqdm(train_loader):
        x = x.to("cuda:0")
        y = y.to("cuda:0")
        l = l.to("cuda:0")
```

```
        y_pred = net(x, l=l)
        loss = loss_f(y_pred, y.float())
        net.zero_grad()
        loss.backward()
        opt.step()
        losses.append(loss.item())
    train_acc = eval_net(net, train_loader, "cuda:0")
    val_acc = eval_net(net, test_loader, "cuda:0")
    print(epoch, mean(losses), train_acc, val_acc)
```

Out

```
100%|**|  782/782 [00:35<00:00, 22.07it/s]
  0%|          | 0/782 [00:00<?, ?it/s]0 0.680973151074➡
651 0.5747199654579163 0.5752800107002258
100%|**|  782/782 [00:36<00:00, 21.31it/s]
  0%|          | 0/782 [00:00<?, ?it/s]1 0.680632000384➡
1234 0.5991599559783936 0.5899199843406677
100%|**|  782/782 [00:36<00:00, 21.31it/s]
  0%|          | 0/782 [00:00<?, ?it/s]2 0.677023857412➡
7407 0.6734799742698669 0.6436399817466736
100%|**|  782/782 [00:36<00:00, 21.17it/s]
  0%|          | 0/782 [00:00<?, ?it/s]3 0.552247853821➡
0435 0.8149200081825256 0.7490800023078918
100%|**|  782/782 [00:36<00:00, 21.47it/s]
  0%|          | 0/782 [00:00<?, ?it/s]4 0.389272873530➡
455 0.8837199807167053 0.7885199785232544
100%|**|  782/782 [00:36<00:00, 21.47it/s]
  0%|          | 0/782 [00:00<?, ?it/s]5 0.297367349838➡
6617 0.9179999828338623 0.7927599549293518
100%|**|  782/782 [00:36<00:00, 21.41it/s]
  0%|          | 0/782 [00:00<?, ?it/s]6 0.232760780293➡
2372 0.9450799822807312 0.794439971446991
100%|**|  782/782 [00:36<00:00, 21.33it/s]
  0%|          | 0/782 [00:00<?, ?it/s]7 0.185168448585➡
51193 0.9618799686431885 0.7880399823188782
100%|**|  782/782 [00:36<00:00, 21.30it/s]
  0%|          | 0/782 [00:00<?, ?it/s]8 0.138039115972➡
36915 0.9772799611091614 0.7853599786758423
100%|**|  782/782 [00:36<00:00, 21.32it/s]
```

```
9 0.09878007613022423 0.9833599925041199 0.775279998779➡
2969
```

2層のLSTMを含んだモデルで10回ほど訓練すると、テストデータに対して80%程度の精度になります。筆者の環境ではGPUを使用すると計算が6倍ほど速くなりましたので、やはりGPUの使用をお勧めします。

RNNを使用しないモデルの作成

ここで比較のため、RNNを使用しないモデルも試してみましょう。このデータセットにはSVMlite形式という「疎行列＋ラベル」のようなフォーマットでBoWとラベルのデータも含まれていますので、これを読み込んでロジスティック回帰モデルで学習してみます。scikit-learnを使用することでリスト5.8のように簡単に実装できます。

リスト5.8 RNNを使用しないモデルの作成

In

```
from sklearn.datasets import load_svmlight_file
from sklearn.linear_model import LogisticRegression

train_X, train_y = load_svmlight_file(
    "<your_path>/aclImdb/train/labeledBow.feat")
test_X, test_y = load_svmlight_file(
    "<your_path>/aclImdb/test/labeledBow.feat",
    n_features=train_X.shape[1])

model = LogisticRegression(C=0.1, max_iter=1000)
model.fit(train_X, train_y)
model.score(train_X, train_y), model.score(test_X, test_y)
```

任意のディレクトリを指定
任意のディレクトリを指定

Out（出力に時間がかかります）

```
(0.8989200000000005, 0.39604)
```

訓練データに対してはある程度精度は出ていますが、テストデータに対しては全く駄目な結果となりました。

レビューは大体同じような単語が登場するため順番が重要であり、RNNを利用して文脈を考慮したモデルを構築することが必要であることが確認できました。

5.3.3 可変長の系列の扱い

これまでは異なる長さの系列をパディングし、同じ長さに揃えて最後の出力から元の長さの部分だけ抽出していましたが、PyTorchにはPackedSequenceという可変長の系列を扱うための構造が用意されています。

PyTorchのRNN系はPackedSequenceを入力として受け取り、PackedSequenceを出力することもできます。PackedSequenceはパディングされたTensorと各系列の長さのリストをnn.utils.rnn.pack_padded_sequence関数に与えることで作成できます。また、この際Tensorと長さのリストは長い順にソートされている必要があります。

PackedSequenceを使用したモデルは自動的にそれぞれの系列の長さ分だけRNNの計算をしたら止めて、出力のPackedSequenceと共にそれぞれの止まった位置での内部状態を返します。この性質を利用するとモデルはリスト5.9のように記述できます。

リスト5.9 PackedSequenceの性質を利用したモデルの作成

In

```
class SequenceTaggingNet2(SequenceTaggingNet):

    def forward(self, x, h0=None, l=None):
        # IDをEmbeddingで多次元のベクトルに変換
        x = self.emb(x)

        # 長さ情報が与えられている場合はPackedSequenceを作る
        if l is not None:
            x = nn.utils.rnn.pack_padded_sequence(
                x, l, batch_first=True)

        # RNNに通す
        x, h = self.lstm(x, h0)

        # 最後のステップを取り出して線形層に入れる
        if l is not None:
            # 長さ情報がある場合は最後の層の
            # 内部状態のベクトルを直接利用できる
            # LSTMは通常の内部状態の他にブロックセルの状態も
            # あるので内部状態のみを使用する
```

```
            hidden_state, cell_state = h
            x = hidden_state[-1]
        else:
            x = x[:, -1, :]

        # 線形層に入れる
        x = self.linear(x).squeeze()
        return x
```

訓練部は リスト5.10 のようにソートの処理が入りますが、それ以外では大きく変わりません。評価関数eval_netも同様にソートの処理を追加してください。

リスト5.10 訓練部の作成

In

```
for epoch in range(10):
    losses = []
    net.train()
    for x, y, l in tqdm.tqdm(train_loader):
        # 長さの配列を長い順にソート
        l, sort_idx = torch.sort(l, descending=True)
        # 得られたインデクスを使用してx,yも並べ替え
        x = x[sort_idx]
        y = y[sort_idx]

        x = x.to("cuda:0")
        y = y.to("cuda:0")

        y_pred = net(x, l=l)
        loss = loss_f(y_pred, y.float())
        net.zero_grad()
        loss.backward()
        opt.step()
        losses.append(loss.item())
    train_acc = eval_net(net, train_loader, "cuda:0")
    val_acc = eval_net(net, test_loader, "cuda:0")
    print(epoch, mean(losses), train_acc, val_acc)
```

Out

```
100%|**|  782/782 [00:36<00:00, 21.65it/s]
  0%|           | 0/782 [00:00<?, ?it/s]0 0.075158745578➡
02096 0.9892799854278564 0.7767199873924255
100%|**|  782/782 [00:37<00:00, 20.94it/s]
  0%|           | 0/782 [00:00<?, ?it/s]1 0.060927915427➡
347885 0.991159975528717 0.7741599678993225
100%|**|  782/782 [00:37<00:00, 21.03it/s]
  0%|           | 0/782 [00:00<?, ?it/s]2 0.052834352252➡
70003 0.9917999505996704 0.7780799865722656
100%|**|  782/782 [00:36<00:00, 21.39it/s]
  0%|           | 0/782 [00:00<?, ?it/s]3 0.042343850740➡
9128 0.9941999912261963 0.7736799716949463
100%|**|  782/782 [00:37<00:00, 21.03it/s]
  0%|           | 0/782 [00:00<?, ?it/s]4 0.035124090445➡
094534 0.994879961013794 0.7717199921607971
100%|**|  782/782 [00:37<00:00, 21.04it/s]
  0%|           | 0/782 [00:00<?, ?it/s]5 0.031841975848➡
91816 0.9949599504470825 0.7683199644088745
100%|**|  782/782 [00:37<00:00, 21.01it/s]
  0%|           | 0/782 [00:00<?, ?it/s]6 0.030963344712➡
351043 0.9894399642944336 0.7593599557876587
100%|**|  782/782 [00:37<00:00, 21.07it/s]
  0%|           | 0/782 [00:00<?, ?it/s]7 0.026518886595➡
22247 0.9898799657821655 0.7690799832344055
100%|**|  782/782 [00:37<00:00, 20.93it/s]
  0%|           | 0/782 [00:00<?, ?it/s]8 0.023573906620➡
00212 0.9969199895858765 0.7667199969291687
100%|**|  782/782 [00:37<00:00, 20.88it/s]
9 0.02062533009702654 0.9973199963569641 0.769639968872➡
0703
```

5.4 RNNによる文章生成

ここではRNNの興味深い応用例として単純な回帰や分類ではなく、学習したモデルを元にした新しい文章の生成について扱います。

RNNは文章の生成にも使用できます。5.3節では単語単位のモデリングで文章を分類しましたが、この節では文字単位のモデルでシェークスピアの文章を学習し、同じような文体を生成するという例を扱います。この内容はPractical PyTorch MEMO参照 というチュートリアルで紹介されているものをベースに、より簡潔にコードをまとめましたので、興味のある方はオリジナルの内容も参考にするとよいでしょう。

ここで説明することは5.5節で扱うEncoder-Decoderモデルによる機械翻訳にも通じるRNNの基本的な利用シーンの1つでもあります。

MEMO

Practical PyTorch

文字単位のモデルで文章を学習するモデルを紹介したチュートリアル。

- **spro/practical-pytorch**
  URL https://github.com/spro/practical-pytorch

5.4.1 データ準備

ここでは文字単位でモデルを作成するので、リスト5.11のように語彙辞書と2つの変換関数を作ります。

リスト5.11 語彙辞書と2つの変換関数の作成

In

```
# すべてのascii文字で辞書を作る
import string
all_chars = string.printable
```

```
vocab_size = len(all_chars)
vocab_dict = dict((c, i) for (i, c) in enumerate(all_chars))

# 文字列を数値のリストに変換する関数
def str2ints(s, vocab_dict):
    return [vocab_dict[c] for c in s]

# 数値のリストを文字列に変換する関数
def ints2str(x, vocab_array):
    return "".join([vocab_array[i] for i in x])
```

○ テキストファイルのダウンロード

次に以下のURLからシェークスピアの様々な演劇のスクリプトを1つにまとめたテキストファイル「input.txt」 MEMO参照 をダウンロードし、「tinyshakespeare.txt」という名前で保存してください。

- **char-rnn/data/tinyshakespeare/input.txt**
  URL https://github.com/karpathy/char-rnn/tree/master/data/tinyshakespeare

MEMO

Colaboratoryにおけるファイルのアップロード

Colaboratoryの場合、以下のコマンドを実行してファイルをアップロードします。

```
from google.colab import files

# ダイアログが表示され、ローカルのファイルを選択してアップロード
uploaded = files.upload()
```

MEMO

char-rnn/data/tinyshakespeare/input.txt

このデータセットを生成し、作成したAndrej Karpathy氏に感謝します。

Datasetクラスの作成

この巨大なテキストファイルを例えば200文字ずつの文章のように複数のかたまり（Chunk）に分割するDatasetクラスをリスト5.12のように定義します。

Tensorのsplitメソッドを使用すると、指定した長さで分割したTensorのtupleを得ることができます。ただし最後の1つは長さが足りない可能性があるのでチェックしてその場合には破棄しています。

リスト5.12 分割するDatasetクラスの定義

In

```
import torch
from torch import nn, optim
from torch.utils.data import (Dataset,
                              DataLoader,
                              TensorDataset)
import tqdm
```

In

```
class ShakespeareDataset(Dataset):
    def __init__(self, path, chunk_size=200):
        # ファイルを読み込み、数値のリストに変換する
        data = str2ints(open(path).read().strip(), ➡
vocab_dict)

        # Tensorに変換し、splitする
        data = torch.tensor(data, dtype=torch.int64).➡
split(chunk_size)

        # 最後のchunkの長さをチェックして足りない場合には捨てる
        if len(data[-1]) < chunk_size:
            data = data[:-1]

        self.data = data
        self.n_chunks = len(self.data)

    def __len__(self):
        return self.n_chunks
```

```
    def __getitem__(self, idx):
        return self.data[idx]
```

リスト5.12で作成したDatasetクラスを使用して、DataLoaderまで作成します（リスト5.13）。これでデータの準備は完了です。

リスト5.13 Datasetクラスを使用して、DataLoaderまでを作成

In

```
ds = ShakespeareDataset("<your_path>/tinyshakespeare.txt",
                        chunk_size=200)
loader = DataLoader(ds, batch_size=32, shuffle=True,
                    num_workers=4)
```

任意のディレクトリを指定

5.4.2 モデル定義と学習

文章生成のモデルの構築

文章生成のモデルの構築は現在の文字をx、次の文字をyとしてxからyを予測する多クラスの識別問題とすることができます（リスト5.14）。そのため、モデルのネットワークの定義は基本的には5.3節のものと同じですが、最後の線形層の出力xが同じように語彙数になっています。

リスト5.14 文章生成のモデル構築

In

```
class SequenceGenerationNet(nn.Module):
    def __init__(self, num_embeddings,
                 embedding_dim=50,
                 hidden_size=50,
                 num_layers=1, dropout=0.2):
        super().__init__()
        self.emb = nn.Embedding(num_embeddings, embedding_dim)
        self.lstm = nn.LSTM(embedding_dim,
                            hidden_size,
                            num_layers,
                            batch_first=True,
                            dropout=dropout)
        # LinerのoutputのサイズはRは最初のEmbeddingの
        # inputサイズと同じnum_embeddings
        self.linear = nn.Linear(hidden_size, num_embeddings)

    def forward(self, x, h0=None):
        x = self.emb(x)
        x, h = self.lstm(x, h0)
        x = self.linear(x)
        return x, h
```

文章を生成する関数の作成

リスト5.14の文章生成モデルを使用して、実際に文章を生成する関数を作成します（リスト5.15）。

リスト5.15 文章を生成する関数の作成

In

```
def generate_seq(net, start_phrase="The King said ",
                 length=200, temperature=0.8, device="cpu"):
    # モデルを評価モードにする
    net.eval()
    # 出力の数値を格納するリスト
    result = []

    # 開始文字列をTensorに変換
    start_tensor = torch.tensor(
        str2ints(start_phrase, vocab_dict),
        dtype=torch.int64
    ).to(device)
    # 先頭にbatch次元を付ける
    x0 = start_tensor.unsqueeze(0)
    # RNNに通して出力と新しい内部状態を得る
    o, h = net(x0)
    # 出力を(正規化されていない)確率に変換
    out_dist = o[:, -1].view(-1).exp()
    # 確率から実際の文字のインデクスをサンプリング
    top_i = torch.multinomial(out_dist, 1)[0]
    # 結果を保存
    result.append(top_i)

    # 生成された結果を次々にRNNに入力していく
    for i in range(length):
        inp = torch.tensor([[top_i]], dtype=torch.int64)
        inp = inp.to(device)
        o, h = net(inp, h)
        out_dist = o.view(-1).exp()
        top_i = torch.multinomial(out_dist, 1)[0]
        result.append(top_i)

    # 開始文字列と生成された文字列をまとめて返す
    return start_phrase + ints2str(result, all_chars)
```

この関数は最初にある文字列を受け取り、それに続く文章を生成します。
はじめに開始文字列をTensorに変換してRNNに入れ、予測される出力と新しい内部状態を得ます。そしてその出力を新しい入力として新しい内部状態と共にRNNに繰り返し通して次々に結果を得ていきます。

また、RNNの出力は線形層の出力そのままですので、これを文字（のインデクス）に変換する必要があります。単純にmaxの位置を使用してしまうと同じような文字ばかりが生成されてしまうので、確率に変換して多項分布からサンプリング（`torch.multinomial`）します。

確率に変換する際には線形層の出力を本来はsoftmax関数に入れるべきですが、続く`torch.multinomial`は入力の確率パラメータが正規化（Normalized）MEMO参照されていなくてもよいので指数関数に入れています。

以下の式がsoftmax関数と指数関数の関係を表しています。これを見れば指数関数に通すと正規化されていない確率を得られることがわかります。

$$\mathrm{softmax}(\mathbf{a})_i = \frac{\exp(a_i)}{\sum_j \exp(a_j)}$$

MEMO

Normalized

ここでは、足して1になること。

モデルの訓練

モデルの訓練はリスト5.16のように行います。ポイントは以下の2点です。

1. xは各chunk文章の1文字目から最後の1つ前の文字まで、yは2文字目から最後の文字までを利用する（図5.3）。
2. `nn.CrossEntropyLoss`は2D(batch, dim)の予測値と1D(batch)のラベルデータのみを使用できるが、このRNNのモデルでは予測値が3D(batch, step, dim)でラベルが2D(batch, step)なので`view`を使用してbatchとstepを統合してから渡す。

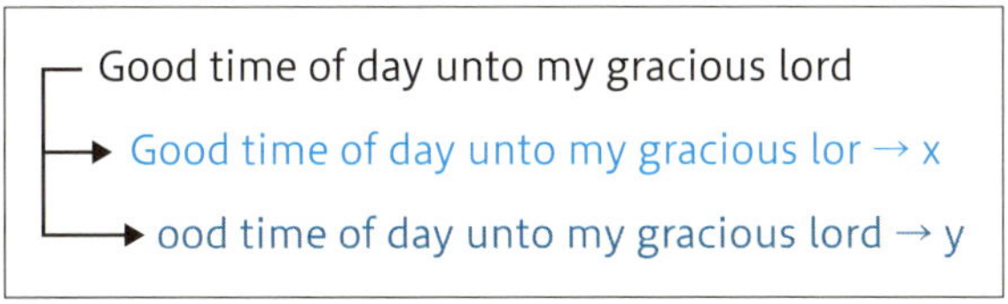

Good time of day unto my gracious lord
→ Good time of day unto my gracious lor → x
→ ood time of day unto my gracious lord → y

図5.3 文章をxとyに分割

リスト5.16 文章を生成する関数の作成

In

```
from statistics import mean

net = SequenceGenerationNet(vocab_size, 20, 50,
                            num_layers=2, dropout=0.1)
net.to("cuda:0")
opt = optim.Adam(net.parameters())
# 多クラスの識別で問題なのでSoftmaxCrossEntropyLossが損失関数となる
loss_f = nn.CrossEntropyLoss()

for epoch in range(50):
    net.train()
    losses = []
    for data in tqdm.tqdm(loader):
        # xははじめから最後の手前の文字まで
        x = data[:, :-1]
        # yは2文字目から最後の文字まで
        y = data[:, 1:]

        x = x.to("cuda:0")
        y = y.to("cuda:0")

        y_pred, _ = net(x)
        # batchとstepの軸を統合してからCrossEntropyLossに渡す
        loss = loss_f(y_pred.view(-1, vocab_size), ➡
y.view(-1))
        net.zero_grad()
        loss.backward()
        opt.step()
        losses.append(loss.item())
```

```
    # 現在の損失関数と生成される文章の例を表示
    print(epoch, mean(losses))
    with torch.no_grad():
        print(generate_seq(net, device="cuda:0"))
```

Out

```
100%|**|  175/175 [00:17<00:00,  9.82it/s]
0 3.4523950699397496
  0%|          | 0/175 [00:00<?, ?it/s]The King said
mytcumese,iNwcio;mwsd
'a dtr ewooap udr oy eadhAsoi gen
R Ri  ne  n h NOuhc,ul rn utila im
l
erts aeiEon
cntrdcpo linwSdei owatus r u,g ao n: bihe eranne tnt
obatschytf n  e deyyeetr aain rohf yedi s

(…中略…)

100%|**|  175/175 [00:10<00:00, 16.88it/s]
48 1.6563731929234096
  0%|          | 0/175 [00:00<?, ?it/s]
The King said cleman theur beeting you both;
Sepfiness this know where some me turted bring; and but ere.

COLOUNEN EPIZE:
The lices, and my sive, you will behobe?

BENVOLIO:
And should firth him fall and returnts,
```

50回ほど学習すると、リスト5.16の**Out**のような文章が生成されました。

このように文字単位のモデルの場合、英語のような単語は生成できますが、より大きな文脈を考慮した単語の並びはうまく生成できないことがわかります。

5.5 Encoder-Decoderモデルによる機械翻訳

最後はEncoder-Decoderという2つのニューラルネットワークを用いたモデルを使用した機械翻訳について説明します。

Encoder-Decoderモデルは任意の2つの対象を用意して、片方からもう一方を生成することができます。

例えば英語とフランス語の文章を用意すれば、英語からフランス語への翻訳モデルを作ることができますし、質問文と解答を用意すれば、自動Q&Aシステムができます。

さらに、CNNと組み合わせることで、画像から説明文を生成するといった用途にも使え、深層学習とニューラルネットワークで最も注目されているモデルの1つと言えるでしょう。

ここでは英語からスペイン語への翻訳モデルを作ります。共にヨーロッパ系言語で前処理が容易であり、データも比較的豊富にある、などの理由でスペイン語(Spanish) MEMO参照 を選択しました。

MEMO

Spanish

筆者がスペイン語を勉強中という個人的な理由もあります。

5.5.1 Encoder-Decoderモデルとは

Encoder-Decoderモデルは自由度の高いモデルなので、様々な派生が存在しますが、概ね次のように動作します。

1. 翻訳元(ソース、src)のデータをEncoderに入力し、特徴量ベクトルを得る
2. 特徴量ベクトルをDecoderに入力し、翻訳先（ターゲット、trg）のデータを得る

例えばEncoderとしては5.3節で扱ったように、RNNを利用してクラス分類するモデルの最後の出力層を任意の次元の線形層に置き換えたものがそれに相当し、Decoderとしては5.4節の文章生成のRNNや**第4章**で扱ったDCGANのGeneratorなどが相当します。

RNNを利用したEncoder-Decoderモデル

以降では機械翻訳のための最もシンプルなRNNを利用したEncoder-Decoderモデルを説明します。

Encoderはソースの文章を読み込み、最後のステップでの内部状態を特徴量ベクトル、あるいはコンテキストとして出力します。

Decoderはこのコンテキストを初期の内部状態として、開始タグという特殊な入力と共に次の単語と新しい内部状態を出力します。

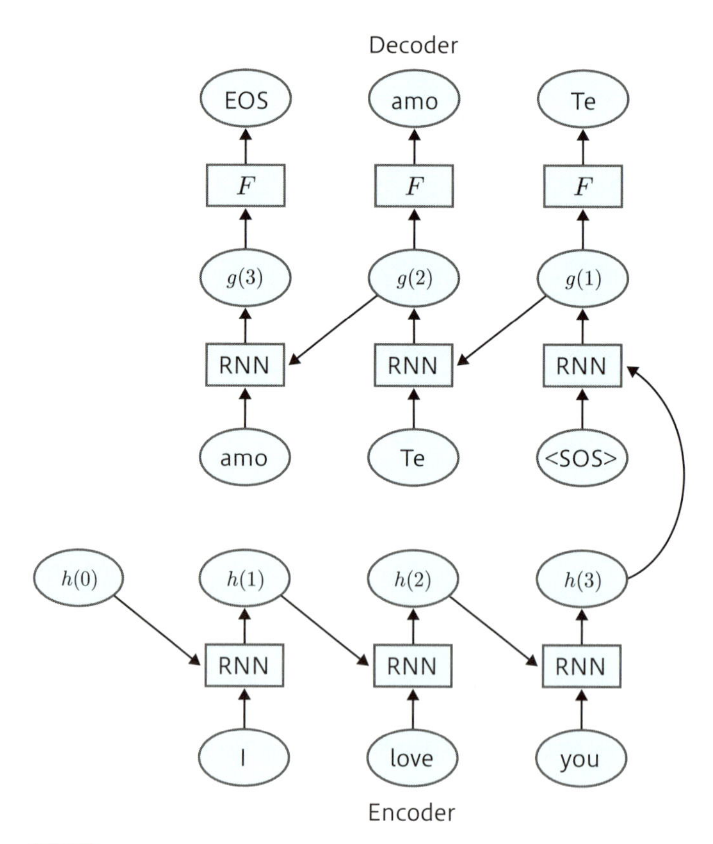

図5.4 Encoder-Decoderモデル。下部がEncoderで上部がDecoder

自然言語処理と回帰型ニューラルネットワーク

P 1 2 3 4 5 6 7 A1 A2

この2つの出力をまた入力として、Decoderに入れるという作業を繰り返し行います。

図5.4のように、Encoderに文章を入れ、最後の内部状態と開始タグ（<SOS>）をDecoderの初期値として入れて翻訳文を生成します。

5.5.2 データの用意

英語とスペイン語の対訳データセットはTatoeba.orgというオンライン翻訳データベースプロジェクトが公開しているデータセットを使用します。

- **Tatoeba.org**
  URL https://tatoeba.org/jpn/

さらにこのデータセットはTab文字区切りで使いやすい形にしたものも公開されています。ここではTab文字区切りで使いやすい形のデータセットを使用します。

「Tab-delimited Bilingual Sentence Pairs」というサイトの下方にある`spa-eng.zip`というファイルをダウンロードします。解凍すると`spa.txt`というのがありますので、これを任意のワークスペースにコピーしてください。

- **Tab-delimited Bilingual Sentence Pairs**
  URL http://www.manythings.org/anki/

MEMO

Colaboratoryにおける圧縮ファイルの展開

Colaboratoryの場合、以下のコマンドを実行します。

```
!wget http://www.manythings.org/anki/spa-eng.zip
!unzip spa-eng.zip
```

補助関数の作成

次に`Dataset`を作っていきます。まずはいくつかの補助関数を作ります（リスト5.17）。

リスト5.17 補助関数の作成

In

```
import torch
from torch import nn, optim
from torch.utils.data import (Dataset,
                              DataLoader,
                              TensorDataset)
import tqdm
```

In

```
import re
import collections
import itertools

remove_marks_regex = re.compile(
    "[\,\(\)\[\]\*:;¿i]|<.*?>")
shift_marks_regex = re.compile("([?!\.])")

unk = 0
sos = 1
eos = 2

def normalize(text):
    text = text.lower()
    # 不要な文字を除去
    text = remove_marks_regex.sub("", text)
    # ?!.と単語の間に空白を挿入
    text = shift_marks_regex.sub(r" \1", text)
    return text

def parse_line(line):
    line = normalize(line.strip())
    # 翻訳元(src)と翻訳先(trg)それぞれのトークンのリストを作る
    src, trg = line.split("\t")
    src_tokens = src.strip().split()
    trg_tokens = trg.strip().split()
    return src_tokens, trg_tokens
```

```
def build_vocab(tokens):
    # ファイル中のすべての文章でのトークンの出現数を数える
    counts = collections.Counter(tokens)
    # トークンの出現数の多い順に並べる
    sorted_counts = sorted(counts.items(),
                           key=lambda c: c[1], ➡
reverse=True)
    # 3つのタグを追加して正引きリストと逆引き用辞書を作る
    word_list = ["<UNK>", "<SOS>", "<EOS>"] \
        + [x[0] for x in sorted_counts]
    word_dict = dict((w, i) for i, w in enumerate(➡
word_list))
    return word_list, word_dict

def words2tensor(words, word_dict, max_len, padding=0):
    # 末尾に終了タグを付ける
    words = words + ["<EOS>"]
    # 辞書を利用して数値のリストに変換する
    words = [word_dict.get(w, 0) for w in words]
    seq_len = len(words)
    # 長さがmax_len以下の場合はパディングする
    if seq_len < max_len + 1:
        words = words + [padding] * (max_len + 1 - seq_len)
    # Tensorに変換して返す
    return torch.tensor(words, dtype=torch.int64), seq_len
```

normalizeはすべて小文字にした後、余計な文字の除去および.!?と単語の分割を行います。特にスペイン語は感嘆文や疑問文の先頭に¡や¿のように逆さまにした記号を付けますが、簡略化のためこれは除去して英語と同様に文末の通常の記号だけを残しておきます。

parse_lineはspa.txtの1行を英語とスペイン語のそれぞれのトークンのリストに変換する関数です。build_vocabは語彙集を作るための関数です。英語とスペイン語のそれぞれについて、このファイルに含まれている単語以外にパディング用、開始、終了の3つのタグも追加しておきます。

words2tensorは単語のリストをTensorに変換する関数です。最大長を指定し、足りない部分はパディングします。

TranslationPairDatasetクラスの作成

リスト5.17で作成した補助関数を使用してリスト5.18のようにTranslationPairDatasetを作成します。このクラスはファイルを読み込み、翻訳元と翻訳先のそれぞれの語彙集とTensorのリストを作成します。また、単語数の多い文章は学習が難しいので使用しないようにしています。

なお、翻訳先のTensorのほうは-100でパディングしていますが、これはPyTorchのCrossEntropyLossがデフォルトで-100のラベルを損失関数の計算に含めないようになっており、可変長の系列の扱いが容易になるためです。

リスト5.18 TranslationPairDatasetクラスの作成

In

```
class TranslationPairDataset(Dataset):
    def __init__(self, path, max_len=15):
        # 単語数が多い文章をフィルタリングする関数
        def filter_pair(p):
            return not (len(p[0]) > max_len
                        or len(p[1]) > max_len)
        # ファイルを開き、パース/フィルタリングをする
        with open(path) as fp:
            pairs = map(parse_line, fp)
            pairs = filter(filter_pair, pairs)
            pairs = list(pairs)
        # 文章のペアをソースとターゲットに分ける
        src = [p[0] for p in pairs]
        trg = [p[1] for p in pairs]
        #それぞれの語彙集を作成する
        self.src_word_list, self.src_word_dict = \
            build_vocab(itertools.chain.from_➡
iterable(src))
        self.trg_word_list, self.trg_word_dict = \
            build_vocab(itertools.chain.from_➡
iterable(trg))
        # 語彙集を使用してTensorに変換する
        self.src_data = [words2tensor(
            words, self.src_word_dict, max_len)
                for words in src]
        self.trg_data = [words2tensor(
            words, self.trg_word_dict, max_len, -100)
```

```
                    for words in trg]

    def __len__(self):
        return len(self.src_data)

    def __getitem__(self, idx):
        src, lsrc = self.src_data[idx]
        trg, ltrg = self.trg_data[idx]
        return src, lsrc, trg, ltrg
```

ここでは最大で10単語の文章のみを扱います。リスト5.19のようにしてDatasetとDataLoaderを作成すれば、データの準備は完了です。

リスト5.19 DatasetとDataLoaderの作成

In

```
batch_size = 64
max_len = 10
path = "<your_path>/spa.txt"    任意のディレクトリを指定
ds = TranslationPairDataset(path, max_len=max_len)
loader = DataLoader(ds, batch_size=batch_size, shuffle=True,
                    num_workers=4)
```

5.5.3 PyTorchによるEncoder-Decoderモデル

EncoderとDecoderはそれぞれ5.3節と5.4節で扱ってきたものとそれほど変わりません。

Encoderの作成

まずEncoderはリスト5.20のようになります。

リスト5.20 Encoderの作成

In

```
class Encoder(nn.Module):
    def __init__(self, num_embeddings,
                 embedding_dim=50,
```

```
                 hidden_size=50,
                 num_layers=1,
                 dropout=0.2):
        super().__init__()
        self.emb = nn.Embedding(num_embeddings, ➡
embedding_dim,
                                padding_idx=0)
        self.lstm = nn.LSTM(embedding_dim,
                            hidden_size, num_layers,
                            batch_first=True, ➡
dropout=dropout)

    def forward(self, x, h0=None, l=None):
        x = self.emb(x)
        if l is not None:
            x = nn.utils.rnn.pack_padded_sequence(
                x, l, batch_first=True)
        _, h = self.lstm(x, h0)
        return h
```

シンプルなEncoder-Decoderモデルでは内部状態のみをDecoderに渡しますので出力は破棄しています（通常はo, h = self.lstm(x, h0)としますが、出力oは使用しないので_, h = ...としています）。

Decoderの作成

次はDecoderです（リスト5.21）。

リスト5.21 Decoderの作成

In

```
class Decoder(nn.Module):
    def __init__(self, num_embeddings,
                 embedding_dim=50,
                 hidden_size=50,
                 num_layers=1,
                 dropout=0.2):
        super().__init__()
```

```
        self.emb = nn.Embedding(num_embeddings, ➡
embedding_dim,
                                padding_idx=0)
        self.lstm = nn.LSTM(embedding_dim, hidden_size,
                            num_layers, batch_first=True,
                            dropout=dropout)
        self.linear = nn.Linear(hidden_size, num_➡
embeddings)

    def forward(self, x, h, l=None):
        x = self.emb(x)
        if l is not None:
            x = nn.utils.rnn.pack_padded_sequence(
                x, l, batch_first=True)
        x, h = self.lstm(x, h)
        if l is not None:
            x = nn.utils.rnn.pad_packed_sequence(x, ➡
batch_first=True, padding_value=0)[0]
        x = self.linear(x)
        return x, h
```

Decoderは5.4節の文章生成のRNNとほぼ同じです。5.4節では内部状態の初期値にすべて0のものを使用して、入力の初期値に自分で決めた文字列を使用しましたが、ここでは内部状態の初期値はEncoderの最後の内部状態、入力の初期値は開始トークン<SOS>を使用する点のみ異なります。

翻訳する関数の作成

モデルの定義ができましたのでこれを使用して実際に翻訳する関数を準備しましょう（リスト5.22）。

まずは翻訳した文章（input_str）を数値化してTensorに変換し、開始トークンなど必要な編集も準備しておきます。

数値化した翻訳元のTensorをEncoderに入れて、コンテキスト（内部状態）を生成したら開始トークンと合わせて初期値とし、Decoderに入れていきます。

Decoderの出力は、次の入力になりますので、これを繰り返します。出力は記録しておいて最後に数値を翻訳先の文字列に変換しています。

リスト5.22 翻訳する関数の作成

In

```
def translate(input_str, enc, dec, max_len=15, ➡
device="cpu"):
    # 入力文字列を数値化してTensorに変換
    words = normalize(input_str).split()
    input_tensor, seq_len = words2tensor(words,
        ds.src_word_dict, max_len=max_len)
    input_tensor = input_tensor.unsqueeze(0)
    # Encoderで使用するので入力の長さもリストにしておく
    seq_len = [seq_len]
    # 開始トークンを準備
    sos_inputs = torch.tensor(sos, dtype=torch.int64)
    input_tensor = input_tensor.to(device)
    sos_inputs = sos_inputs.to(device)
    # 入力文字列をEncoderに入れてコンテキストを得る
    ctx = enc(input_tensor, l=seq_len)
    # 開始トークンとコンテキストをDecoderの初期値にセット
    z = sos_inputs
    h = ctx
    results = []
    for i in range(max_len):
        # Decoderで次の単語を予測
        o, h = dec(z.view(1, 1), h)
        # 線形層の出力が最も大きい場所が次の単語のID
        wi = o.detach().view(-1).max(0)[1]
        if wi.item() == eos:
            break
        results.append(wi.item())
        # 次の入力は今回の出力のIDを使用する
        z = wi
    # 記録しておいた出力のIDを文字列に変換
    return " ".join(ds.trg_word_list[i] for i in results)
```

関数の動作の確認

試しに作成した関数を使用してみましょう（リスト5.23）。まだ学習していないので謎の文章が生成されていますが、動作は問題ないようです。

リスト5.23 関数の動作の確認

In

```
enc = Encoder(len(ds.src_word_list), 100, 100, 2)
dec = Decoder(len(ds.trg_word_list), 100, 100, 2)
translate("I am a student.", enc, dec)
```

Out

```
'utilizada calificaciones federal pillas miramos ➡
mecanográfico guiteau toco incomoda idénticos avaricia ➡
comportamiento traducido garaje unánime'
```

モデルの学習

それではいよいよ学習していきます。これも非常に時間のかかる計算なのでGPUを利用する環境があれば、ぜひ使用してください。

まずはモデルを新規に作り直し、オプティマイザーと損失関数を用意します。

オプティマイザーのパラメータは筆者がいろいろ試して最もよかったものを示しています（リスト5.24）。

リスト5.24 オプティマイザーのパラメータ

In

```
enc = Encoder(len(ds.src_word_list), 100, 100, 2)
dec = Decoder(len(ds.trg_word_list), 100, 100, 2)
enc.to("cuda:0")
dec.to("cuda:0")
opt_enc = optim.Adam(enc.parameters(), 0.002)
opt_dec = optim.Adam(dec.parameters(), 0.002)
loss_f = nn.CrossEntropyLoss()
```

学習部分はリスト5.25のようになります。

損失関数はencの出力を初期状態として、スペイン語の文章の次の単語を予測するようにして、計算しています。

翻訳先の文章の教師データはそれぞれ長さが異なりますが、-100でパディングしていますのでその部分は無視され、ミニバッチ処理がやりやすくなっています。

リスト5.25 モデルの学習部分（損失関数など）

In

```
from statistics import mean

def to2D(x):
    shapes = x.shape
    return x.reshape(shapes[0] * shapes[1], -1)

for epoc in range(30):
    # ネットワークを訓練モードにする
    enc.train(), dec.train()
    losses = []
    for x, lx, y, ly in tqdm.tqdm(loader):
        # xのPackedSequenceを作るために翻訳元の長さで降順にソート
        lx, sort_idx = lx.sort(descending=True)
        x, y, ly = x[sort_idx], y[sort_idx], ly[sort_idx]
        x, y = x.to("cuda:0"), y.to("cuda:0")
        # 翻訳元をEncoderに入れてコンテキストを得る
        ctx = enc(x, l=lx)

        # yのPackedSequenceを作るために翻訳先の長さで降順にソート
        ly, sort_idx = ly.sort(descending=True)
        y = y[sort_idx]
        # Decoderの初期値をセット
        h0 = (ctx[0][:, sort_idx, :], ctx[1][:, sort_idx, :])
        z = y[:, :-1].detach()
        # -100のままだとEmbeddingの計算でエラーが出てしまうので値を➡
0に変更しておく
        z[z==-100] = 0
        # Decoderに通して損失関数を計算
        o, _ = dec(z, h0, l=ly-1)
        loss = loss_f(to2D(o[:]), to2D(y[:, 1:max(ly)]).➡
squeeze())
        # Backpropagation（誤差逆伝播法）を実行
        enc.zero_grad(), dec.zero_grad()
        loss.backward()
        opt_enc.step(), opt_dec.step()
        losses.append(loss.item())
```

```
        # データセットに対して一通り計算したら現在の
        # 損失関数の値や翻訳結果を表示
        enc.eval(), dec.eval()
        print(epoc, mean(losses))
        with torch.no_grad():
            print(translate("I am a student.",
                                    enc, dec, max_len=max_len, ➡
device="cuda:0"))
            print(translate("He likes to eat pizza.",
                                    enc, dec, max_len=max_len, ➡
device="cuda:0"))
            print(translate("She is my mother.",
                                    enc, dec, max_len=max_len, ➡
device="cuda:0"))
```

Out

```
100%|**| 1600/1600 [01:31<00:00, 17.45it/s]
  0%|          | 0/1600 [00:00<?, ?it/s]0
5.409873641133308
un buen .
a él le gusta comer pizza .
ella es mi madre .

(…中略…)

100%|**|  1600/1600 [01:39<00:00, 16.12it/s]
  0%|          | 0/1600 [00:00<?, ?it/s]28 ➡
0.4390222669020295
soy un estudiante .
a él le gusta comer pizza .
 ella es mi madre .
100%|**|  1600/1600 [01:43<00:00, 15.52it/s]29 ➡
0.43130578387528656
soy un estudiante .
a él le gusta comer pizza .
ella es mi madre .
```

```
- I am a student. -> soy un estudiante .
- He likes to eat pizza. -> a él le gusta comer pizza .
- She is my mother. -> ella es mi madre .
```

図5.5 翻訳結果

30回ほど計算すると、図5.5のように翻訳されました。

ここで紹介した比較的簡単な例では、すべて正しく翻訳されました。

例えば1つ目の例は直訳すると`yo soy un estudiante`とするべきですが、スペイン語では明確な場合は主語は省略できますので`yo soy un estudiante .`の`yo`は省略され、英語よりも1単語少ない訳文になります※1。

2つ目の文はスペイン語で頻出する目的代名詞は前に置く倒置構文ですが、これも正しく翻訳できていますので単純な単語の置き換えでないことがわかります。

なお、ここで扱ったモデルはすべての情報を内部状態という変数に押し込めるという、最もシンプルなモデルのため、長い文章になるとうまく翻訳できませんが、最新の研究ではAttentionという仕組みMEMO参照を用いて、位置ごとに異なる情報を使用できるようになっており、長い文章でも精度よく翻訳できるようになっています。

MEMO

Attentionという仕組み

- **Attention and Augmented Recurrent Neural Networks**
  URL https://distill.pub/2016/augmented-rnns/

※1 本書はスペイン語の解説書ではないので、スペイン語の文法に関しては説明いたしません。スペイン語の文法に関しては、専門書などで確認してください。

5.6 まとめ

本章で解説した内容をまとめました。

過去の文脈を記録して、時系列の分析に適したニューラルネットワークがRNNです。Elman型のRNNですと長い時系列の学習が勾配消失などの問題によって困難になり、LSTMやGRUなどのモデルが提案されています。

RNNは文章の判別や文章の生成に利用でき、またこの2つを組み合わせたEncoder-Decoderモデルを使用すると、機械翻訳など幅広いタスクに応用できます。

本章では前処理が複雑で本質から外れてしまうため、日本語の例題を扱っていませんが、Pythonを利用すると、Janome MEMO参照 というライブラリで単語の分かち書きが容易にできますので、興味のある読者はぜひチャレンジしてみてください。

MEMO

Janome

- **Janome v0.3 documentation (ja)**
  URL http://mocobeta.github.io/janome/

CHAPTER 6

推薦システムと行列分解

この章では**行列因子分解(Matrix Factorization、MF)**という代表的な**推薦(レコメンド)システム**で使用される代表的なアルゴリズムがニューラルネットワークによって表現できることを見ていき、さらに多層にすることで非線形に拡張できることを紹介します。

ニューラルネットワークを用いた推薦システムは比較的新しい研究領域であり、**Matrix Factorization**や**Factorization Machines**などを非線形に拡張するなど近年研究が活発化しています。

これらはいずれも画像処理や自然言語処理で利用されるCNNやRNNとは異なるモデルであり、**ニューラルネットワークの汎用性の高さを表している**と言えるでしょう。

ATTENTION

第6章のコードについて

この章のコードは環境によっては、以下のエラーが発生する可能性があります。

- **DataLoader causing** `'RuntimeError: received 0 items of ancdata'`**#973**
  URL https://github.com/pytorch/pytorch/issues/973

本書執筆時点(2018年8月現在)ではスクリプトやJupyter Notebookを起動する前に実行に使用するターミナルで`ulimit -n 4096`などのように入力して、OSのファイル数の上限を上げておくなどの対応が必要となる場合があります。

6.1 行列因子分解

ここでは代表的なレコメンデーションの手法として行列因子分解について説明し、PyTorchのニューラルネットワークのモジュール群を使用してどのように実装するのかを見ていきます。

6.1.1 理論的背景

行列因子分解（Matrix Factorization、MF）では例えば 図6.1 のように列方向が商品、行方向がユーザーで、値がそのユーザーがその商品を購入した回数や評価値のような購買履歴データを扱います。

商品数をM、ユーザー数をNとするとこれは$N \times M$の行列A、それも疎行列になります。NやMよりもはるかに小さい数Kを決め、この行列を$N \times K$のユーザー因子行列Uと$M \times K$の商品因子行列Vの積で近似するというのがMFの基本的な考え方です。

UとVの積を取り直したA'はもとのAの近似になっていると同時に、元のAでは0、すなわち買われていなかったユーザーと商品の組み合わせが0でない数字になっていることがあり、これらはユーザーが興味を持っているけれども、まだ買っていない商品ということでレコメンドの対象になります。

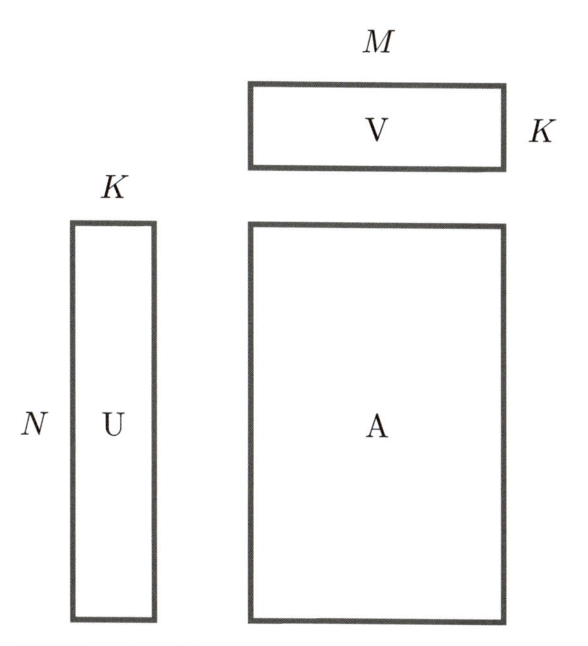

図6.1 行列因子分解。A ≒ UV*t*（*t*は転置）でAを近似する。Uはユーザーの特徴量ベクトルを束ねた行列、Vは商品の特徴ベクトルを束ねた行列と解釈できる

実際にはあるユーザーiの特徴量ベクトルと、ある商品jの特徴量ベクトルの内積を取ることでユーザーiの商品jに対する評価を計算することができます。

このような分解を探すアルゴリズムは様々なものが提案されており、**特異値分解（Singular Value Decomposition、SVD）**や特異値分解を改良したもの、**非負値行列因子分解（Non-negative Matrix Factorization、NMF）**などが有名です。

なお、同様の分析は自然言語処理の分野においては**潜在意味解析（Latent Semantic Analysis、LSA）**としても知られています。

6.1.2 MovieLensデータセット

MovieLensは推薦システムのベンチマークとして使用される代表的なデータセットです。これは10万以上のユーザーによる27000の映画に対する5段階評価のデータです。評価の他に各映画のジャンルデータも含んでいます。以下のURLのWebサイトからml-20m.zipというファイルを取得してください。

- **MovieLens**
  URL http://files.grouplens.org/datasets/movielens/ml-20m.zip

この中にある`ratings.csv`というファイルを使用します。このCSVファイルはカラムがそれぞれ`userId`、`movieId`、`rating`、`timestamp`の4つあり、ここでははじめの3つを使用します。

`userId`と`movieId`はその名の通り、ユーザーと映画のIDで`rating`は評価の点数です。点数は0-5で0.5刻みですが、筆者が確認したところ、0の評価は1つもありませんでした。

MEMO

Colaboratoryにおける圧縮ファイルの展開

Colaboratoryの場合、以下のコマンドを実行します。

```
!wget http://files.grouplens.org/datasets/movielens/➡
ml-20m.zip
!unzip ml-20m.zip
```

Datasetと DataLoaderの作成

リスト6.1のコードではPandasを使用してファイルを読み込み、訓練データとテストデータに分けてからそれぞれの`Dataset`と`DataLoader`を作成しています。(`userId`、`movieId`)のペアがXで`rating`がYとなるように`Dataset`を作ります。

リスト6.1 DatasetとDataLoaderの作成

In

```
import torch
from torch import nn, optim
from torch.utils.data import (Dataset,
                              DataLoader,
                              TensorDataset)
import tqdm
```

In

```
import pandas as pd
# 訓練データとテストデータを分けるのに使用する
from sklearn import model_selection

df = pd.read_csv("解凍したraiting.csvのパス")
# Xは(userId, movieId)のペア
X = df[["userId", "movieId"]].values
Y = df[["rating"]].values

# 訓練データとテストデータを9:1に分割
train_X, test_X, train_Y, test_Y\
    = model_selection.train_test_split(X, Y, test_size=0.1)

# XはIDで整数なのでint64, Yは実数値なのでfloat32のTensorに変換する
train_dataset = TensorDataset(
    torch.tensor(train_X, dtype=torch.int64), ➡
torch.tensor(train_Y, dtype=torch.float32))
test_dataset = TensorDataset(
    torch.tensor(test_X, dtype=torch.int64), ➡
torch.tensor(test_Y, dtype=torch.float32))

train_loader = DataLoader(
    train_dataset, batch_size=1024, num_workers=4, ➡
shuffle=True)
test_loader = DataLoader(
    test_dataset, batch_size=1024, num_workers=4)
```

解凍したraiting.csvのあるパスを設定

6.1.3 PyTorchで行列因子分解

PyTorchで行列因子分解のモデルを作り、訓練する方法を解説します。

ユーザーや商品のIDをK次元のベクトルに変換する

まずはユーザーや商品のIDをK次元のベクトルに変換する方法を考えます。興味深いことに、これは第5章で扱ったnn.Embeddingがぴったりです。特徴ベクトルができてしまえば、後は内積を計算するだけですのでリスト6.2のように記述できます。単純に内積をそのまま評価の予測値に使用してしまうと、[0, 5]の値域からはみ出てしまう可能性があるので、最後にシグモイド関数を利用して[0, 5]の範囲内に収めています。

リスト6.2 行列因子分解

In

```
class MatrixFactorization(nn.Module):
    def __init__(self, max_user, max_item, k=20):
        super().__init__()
        self.max_user = max_user
        self.max_item = max_item
        self.user_emb = nn.Embedding(max_user, k, 0)
        self.item_emb = nn.Embedding(max_item, k, 0)

    def forward(self, x):
        user_idx = x[:, 0]
        item_idx = x[:, 1]
        user_feature = self.user_emb(user_idx)
        item_feature = self.item_emb(item_idx)

        # user_feature*item_featureは(batch_size,k)次元なので
        # kについてsumをとるとそれぞれのサンプルの内積になる
        out = torch.sum(user_feature * item_feature, 1)

        # [0, 5]の範囲に収まるように変換
        out = nn.functional.sigmoid(out) * 5
        return out
```

ユーザーや商品の個数

実際にこのクラスのインスタンスを作るにはユーザーや商品の個数を知る必要があります。MovieLensのデータセットではIDは1からはじまりますのでユーザー、商品共にIDの最大値+1を個数とすれば十分です（リスト6.3）。

リスト6.3 ユーザーや商品の個数

In

```
max_user, max_item = X.max(0)
# np.int64型をPythonの標準のintにキャスト
max_user = int(max_user)
max_item = int(max_item)
net = MatrixFactorization(max_user+1, max_item+1)
```

評価関数の作成

後はいつものようにテストデータを使用した評価関数と実際の訓練部分を作っていきましょう。まずはテストデータでの評価関数です。ここではMAE（Mean Absolute Error）という差の絶対値の平均を指標とします。

PyTorchにも標準でnn.L1Lossまたはnn.functional.l1_lossというMAEを計算するクラス、関数がありますのでこれを使用します（リスト6.4）。

リスト6.4 評価関数の作成

In

```
def eval_net(net, loader, score_fn=nn.functional.➡
l1_loss, device="cpu"):
    ys = []
    ypreds = []
    for x, y in loader:
        x = x.to(device)
        ys.append(y)
        with torch.no_grad():
               ypred = net(x).to("cpu").view(-1)
        ypreds.append(ypred)
    score = score_fn(torch.cat(ys).squeeze(), ➡
torch.cat(ypreds))
    return score.item()
```

訓練部分の作成

準備ができましたので実際に訓練をしましょう（リスト6.5）。

MovieLensはデータがかなり多く、SGDの学習率を高めに設定しても大丈夫なのでデフォルトの10倍の0.01を設定しています。

リスト6.5 訓練部分の作成

In

```
from statistics import mean

net.to("cuda:0")
opt = optim.Adam(net.parameters(), lr=0.01)
loss_f = nn.MSELoss()

for epoch in range(5):
    loss_log = []
    for x, y in tqdm.tqdm(train_loader):
        x = x.to("cuda:0")
        y = y.to("cuda:0")
        o = net(x)
        loss = loss_f(o, y.view(-1))
        net.zero_grad()
        loss.backward()
        opt.step()
        loss_log.append(loss.item())
    test_score = eval_net(net, test_loader, device="cuda:0")
    print(epoch, mean(loss_log), test_score, flush=True)
```

Out

```
0 1.6175087428118726 0.7348315119743347
1 0.884978003734221 0.711135983467102
2 0.8419708782708769 0.7031168341636658
3 0.8203578021781451 0.6991654634475708
4 0.8070978848076604 0.69717937707901
```

5回くらい計算を回すとMAEが0.7未満まで改善されます。

例えば、ユーザー1の映画10に対する評価を実際に予測を行う場合は、リスト6.6のようにします。

リスト6.6 ユーザー1の映画10に対する評価を実際に予測する場合

In

```
# 訓練したモデルをCPUに移す
net.to("cpu")

# ユーザー1の映画10の評価を計算したい
query = (1, 10)

# int64のTensorに変換し、batchの次元を付加
query = torch.tensor(query, dtype=torch.int64).view(1, -1)

# netに渡す
net(query)
```

Out

```
tensor([ 3.9975])
```

また、あるユーザーに対する全映画の評価予測値を計算して、上位5本を取り出すといった操作も簡単に行うことができます。

映画数分だけ（userId、movieId）のペアを作成して、ネットワークに渡し、評価値を計算して最後にtorch.topk関数を使用して上位5本を取り出します。リスト6.7では、ユーザー1の上位5本の映画をピックアップしています。torch.topkは上位k本の値だけでなく、位置も教えてくれます。

リスト6.7 ユーザー1の上位5本の映画をピックアップ

In

```
query = torch.stack([
    torch.zeros(max_item).fill_(1),
    torch.arange(1, max_item+1)
], 1).long()

# scoresは上位k本のスコア
# indicesは上位k本の位置、すなわちmovieId
scores, indices = torch.topk(net(query), 5)
```

6.2 ニューラル行列因子分解

ここでは行列因子分解を非線形に拡張したニューラル行列因子分解を扱います。PyTorchを用いることで非常に柔軟なモデリングを行うことができます。

6.2.1 行列因子分解を非線形化

6.1節ではMFをPyTorchの自動微分機能を使用して実装しましたが、実際に実行してみると他のMFのライブラリと比較してGPUを使用しても速度が出ないことに気付いた読者もおられるでしょう。これはMFというシンプルなモデルを無理やりニューラルネットワークに当てはめて解いていて無駄な計算を多くしているからに他なりません。

しかし、ニューラルネットワークには**通常のMFに対して柔軟なモデリングが可能**という大きなメリットがあります。通常のMFではユーザーと商品の特徴量ベクトルの内積という線形で非常に単純な計算を使用していましたが、ニューラルネットワークを使用すれば非線形の関数を使用してモデリングすることができます。リスト6.8の例を見れば一目瞭然です。

リスト6.8 非線形の関数を使用してモデリングする

In

```
class NeuralMatrixFactorization(nn.Module):
    def __init__(self, max_user, max_item,
                 user_k=10, item_k=10,
                 hidden_dim=50):
        super().__init__()
        self.user_emb = nn.Embedding(max_user, user_k, 0)
        self.item_emb = nn.Embedding(max_item, item_k, 0)
        self.mlp = nn.Sequential(
            nn.Linear(user_k + item_k, hidden_dim),
            nn.ReLU(),
            nn.BatchNorm1d(hidden_dim),
            nn.Linear(hidden_dim, hidden_dim),
            nn.ReLU(),
            nn.BatchNorm1d(hidden_dim),
```

```
            nn.Linear(hidden_dim, 1)
        )

    def forward(self, x):
        user_idx = x[:, 0]
        item_idx = x[:, 1]
        user_feature = self.user_emb(user_idx)
        item_feature = self.item_emb(item_idx)
        # ユーザー特徴量と商品特徴量をまとめて1つのベクトルにする
        out = torch.cat([user_feature, item_feature], 1)
        # まとめた特徴量ベクトルをMLPに入れる
        out = self.mlp(out)
        out = nn.functional.sigmoid(out) * 5
        return out.squeeze()
```

ここでは`NeuralMatrixFactorization`（NeuralMF）という形でモデルに名前を付けました。このモデルの最大の特徴は、ユーザーと商品の特徴量ベクトルの内積を取る代わりに両者を結合して新しいベクトルとし、これをMLPに通して非線形な関数をモデリングしているという点です。このモデルをMFと同様に訓練すると、5回のイテレーションで MAE = 0.62 付近まで改善され、MFよりも高い精度を得られます。

NeuralMFは内積を使用しませんので、ユーザーと商品の特徴量の次元に異なる値を使用することもできます。ユーザーと商品のユニーク数の桁が異なる場合などでは、異なる次元を使用することで、大きく精度を落とさずにパラメータ数を削減して訓練をより速く行うことができます。

また、NeuralMFはBatch Normalizationなどニューラルネットワークを訓練する時に使用できるテクニックなどがそのまま応用できる点も注目です。

6.2.2 付属情報の利用

NeuralMFのメリットは他にもあります。通常のMFはユーザーと商品しか考慮することができませんが、NeuralMFではそれ以外の付属情報を取り込んだモデルに拡張することも容易です。

MovieLensには各映画のジャンル情報も含まれているので、これを利用してみましょう。ml-20m.zipを解凍したディレクトリの中にmoviesというファイルがあり、これにそれぞれの映画のジャンルが記されています。具体的には、以下のようなフォーマットです。

```
movieId,title,genres
1,Toy Story (1995),Adventure|Animation|Children|➡
Comedy|Fantasy
2,Jumanji (1995),Adventure|Children|Fantasy
3,Grumpier Old Men (1995),Comedy|Romance
```

映画ID、タイトル、ジャンルの順で並んでおり、ジャンルは複数の項目がパイプ|で区切られています。このように可変長で複数項目を含んだカテゴリデータを数値化するにはいろいろ方法がありますが、今回のジャンルは全部で24種類しかないので、シンプルにBoWを使いましょう。

区切られたジャンルをBoWに変換

リスト6.9ではscikit-learnのCountVectorizerを使用してA|B|Cのような区切られたジャンルをBoWに変換しています。

リスト6.9 区切られたジャンルをBoWに変換

In

```
import csv
from sklearn.feature_extraction.text import CountVectorizer

# csv.DictReaderを使用してCSVファイルを読み込み
# 必要な部分だけ抽出する
with open("<your_path>/ml-20m/movies.csv") as fp:
    reader = csv.DictReader(fp)
    def parse(d):
        movieId = int(d["movieId"])
        genres = d["genres"]
```

任意のディレクトリを指定

```
        return movieId, genres
    data = [parse(d) for d in reader]

movieIds = [x[0] for x in data]
genres = [x[1] for x in data]

# データに合わせてCountVectorizerを訓練する
cv = CountVectorizer(dtype="f4").fit(genres)
num_genres = len(cv.get_feature_names())

# keyがmovieIdでvalueがBoWのTensorのdictを作る
it = cv.transform(genres).toarray()
it = (torch.tensor(g, dtype=torch.float32) for g in it)
genre_dict = dict(zip(movieIds, it))
```

カスタムDatasetの作成

リスト6.9でジャンルの辞書が作成できました。この辞書を用いることで映画IDを入力としてジャンルを取得することができます。次にユーザーIDや映画IDと共にジャンルのBoWも返すカスタムDatasetを作ります（リスト6.10）。

ジャンル辞書をコンストラクタで渡して、要素を取得する際に映画IDからジャンルのBoWを取得して共に返すようになっています。

リスト6.10 カスタムDatasetの作成

In

```
def first(xs):
    it = iter(xs)
    return next(it)

class MovieLensDataset(Dataset):
    def __init__(self, x, y, genres):
        assert len(x) == len(y)
        self.x = x
        self.y = y
        self.genres = genres

        # ジャンル辞書にないmovieIdの時のダミーデータ
```

```
        self.null_genre = torch.zeros_like(
            first(genres.values()))

    def __len__(self):
        return len(self.x)

    def __getitem__(self, idx):
        x = self.x[idx]
        y = self.y[idx]
        # x = (userId, movieId)
        movieId = x[1]
        g = self.genres.get(movieId, self.null_genre)
        return x, y, g
```

DataLoaderの作成

MovieLensDatasetの準備ができましたので実際にDataLoaderまで作りましょう（リスト6.11）。

リスト6.11 DataLoaderの作成

In

```
train_dataset = MovieLensDataset(
    torch.tensor(train_X, dtype=torch.int64),
    torch.tensor(train_Y, dtype=torch.float32),
    genre_dict)
test_dataset = MovieLensDataset(
    torch.tensor(test_X, dtype=torch.int64),
    torch.tensor(test_Y, dtype=torch.float32),
    genre_dict)
train_loader = DataLoader(
    train_dataset, batch_size=1024, shuffle=True, ➡
num_workers=4)
test_loader = DataLoader(
    test_dataset, batch_size=1024, num_workers=4)
```

ネットワークモデルの作成

次にこのジャンル情報を利用したネットワークモデルNeuralMatrixFactorization2を作ります（リスト6.12）。6.2.1のNeuralMatrixFactorizationと異なるのは、MLP層の1つ目のLinearの入力の次元にジャンルのBoWの次元が加わった点とforwardの引数にジャンルのBoWも渡して内部でユーザー、商品の特徴量と結合している点の2つです。

リスト6.12 ネットワークモデルの作成

In

```
class NeuralMatrixFactorization2(nn.Module):
    def __init__(self, max_user, max_item, num_genres,
                 user_k=10, item_k=10, hidden_dim=50):
        super().__init__()
        self.user_emb = nn.Embedding(max_user, user_k, 0)
        self.item_emb = nn.Embedding(max_item, item_k, 0)
        self.mlp = nn.Sequential(
            # num_genres分だけ次元が増える
            nn.Linear(user_k + item_k + num_genres, ➡
hidden_dim),
            nn.ReLU(),
            nn.BatchNorm1d(hidden_dim),
            nn.Linear(hidden_dim, hidden_dim),
            nn.ReLU(),
            nn.BatchNorm1d(hidden_dim),
            nn.Linear(hidden_dim, 1)
        )

    def forward(self, x, g):
        user_idx = x[:, 0]
        item_idx = x[:, 1]
        user_feature = self.user_emb(user_idx)
        item_feature = self.item_emb(item_idx)
        # ジャンルのBoWをcatで特徴ベクトルに結合する
        out = torch.cat([user_feature, item_feature, g], 1)
        out = self.mlp(out)
        out = nn.functional.sigmoid(out) * 5
        return out.squeeze()
```

ヘルパー関数の修正

DataLoaderが返す変数の形が変わりますので評価のヘルパー関数も少しだけ修正します（リスト6.13）。

リスト6.13 ヘルパー関数の修正

In

```
def eval_net(net, loader, score_fn=nn.functional.➡
l1_loss, device="cpu"):
    ys = []
    ypreds = []
    # loaderはジャンルのBoWも返す
    for x, y, g in loader:
        x = x.to(device)
        g = g.to(device)
        ys.append(y)
        # userId, movieId以外にジャンルの
        # BoWもネットワーク関数に渡す
        with torch.no_grad():
               ypred = net(x, g).to("cpu")
        ypreds.append(ypred)
    score = score_fn(torch.cat(ys).squeeze(), ➡
torch.cat(ypreds))
    return score
```

訓練部分の作成

すべての準備が整いましたので、訓練をします（リスト6.14）。train_loaderがジャンルのBoWも返す点に注意してください。

リスト6.14 訓練部分の作成

In

```
net = NeuralMatrixFactorization2(
    max_user+1, max_item+1, num_genres)
opt = optim.Adam(net.parameters(), lr=0.01)
loss_f = nn.MSELoss()
```

```
net.to("cuda:0")
for epoch in range(5):
    loss_log = []
    net.train()
    for x, y, g in tqdm.tqdm(train_loader):
        x = x.to("cuda:0")
        y = y.to("cuda:0")
        g = g.to("cuda:0")
        o = net(x, g)
        loss = loss_f(o, y.view(-1))
        net.zero_grad()
        loss.backward()
        opt.step()
        loss_log.append(loss.item())
    net.eval()
    test_score = eval_net(net, test_loader, ➡
device="cuda:0")
    print(epoch, mean(loss_log), test_score.item(), ➡
flush=True)
```

Out

```
0 0.7065280483494481 0.6462
1 0.6938810969105664 0.6383
2 0.6711728837724852 0.6307
3 0.6565303146869658 0.6268
3 0.6565303146869658 0.6268
4 0.6377939984445665 0.6172
```

5回のイテレーションでMAEが0.62を下回り、NeuralMFよりも僅かに精度が改善しました。ジャンル情報を入れたことのメリットとして精度の改善以外にユーザーIDとジャンル情報のみによるレコメンドが可能になります。すなわち、このデータセットに登場していない商品（映画）についてもスコアを計算することが可能になります。もちろんこの場合は精度が下がりますが、未発売だけれどもジャンルだけはわかる商品がいくつかあり、ユーザーごとに「この中でどの商品が一番好きなのか」といったことがわかります。

例えばユーザー100に対してそれぞれのジャンルを1つだけ含んだ映画のスコアを計算してみましょう（リスト6.15）。データセットにない映画でIDがないので

IDに0を使用します。こうすると リスト6.12 でnn.Embiddingのコンストラクタの3番目の引数であるpadding_idxに0を指定しているため、映画の特徴量ベクトルはすべて0になります。

リスト6.15 ユーザー100に対してそれぞれのジャンルを1つだけ含んだ映画のスコアを計算

In

```
# 指定した位置だけ1で残りが0のTensorを返す補助関数
def make_genre_vector(i, max_len):
    g = torch.zeros(max_len)
    g[i] = 1
    return g

query_genres = [make_genre_vector(i, num_genres)
    for i in range(num_genres)]
query_genres = torch.stack(query_genres, 1)

# num_genres分だけuserId=100とmovieId=0のTensorを作って結合する
query = torch.stack([
    torch.empty(num_genres, dtype=torch.int64).fill_(100),
    torch.empty(num_genres, dtype=torch.int64).fill_(0)
], 1)

# GPUに転送
query_genres = query_genres.to("cuda:0")
query = query.to("cuda:0")

# スコアを計算
net(query, query_genres)
```

Out

```
tensor([ 3.1709,  3.1712,  3.1704,  3.1711,  3.1683,  ➡
3.1723,  3.1722,
         3.1700,  3.1716,  3.1706,  3.1687,  3.1705,  ➡
3.1723,  3.1697,
         3.1707,  3.1703,  3.1701,  3.1695,  3.1703,  ➡
3.1714,  3.1682,
         3.1691,  3.1707,  3.1708], device='cuda:0')
```

推薦システムと行列分解

これで未知の映画に対しても大まかな予測値を計算することができました。

MovieLensには含まれていませんが、属性データも同様にしてモデルに含めることができます。もし読者がそのようなデータを持っていましたらぜひ試してみてください。

6.3 まとめ

本章で解説した内容をまとめました。

PyTorchを使用してニューラルネットワークとして行列因子分解を扱う方法を紹介しました。この方法ではストレートな実装と比較して速度は劣りますが、ユーザーと商品の非線形な関係をモデリングしたり、ユーザーや商品の付属情報を取り込んだりするなどモデルを柔軟に拡張してより高い予測精度のモデルを構築することができます。画像認識処理や自然言語処理以外の分野でもPyTorchはおおいに利用可能です。

CHAPTER 7

アプリケーションへの組込み

この章では学習したモデルを実際にアプリケーションに組込む方法を解説します。
主にWebAPI化することを想定して、モデルの保存と読み込みやDockerを使用したデプロイなどについても説明していきます。

ATTENTION

第7章の実行環境

この章はUbuntuの端末でソースコードをコマンドラインで実行しています。またUbuntuのMinicondaを利用することを前提にしています。Colaboratory環境では実行できません。あらかじめご了承ください。

7.1 モデルの保存と読み込み

ここではモデルの保存と読み込みについて説明します。GPUなどで学習したモデルをWebAPI化し、CPUだけのサーバーにデプロイする時などによく利用することになるでしょう。

ニューラルネットワークや深層学習に限らず、機械学習の学習したモデルを保存し、後で再利用するというのはとても重要なことです。モデルの保存と言いますが、モデル構造自体と学習したパラメータの両方を保存する必要があります。モデル構造自体はソースコードをそのまま再利用すればよく、一方で学習したパラメータは大量の数値データなのでファイルに保存する必要があります。

PyTorchにおけるモデルの保存と読み込み

PyTorchではstate_dictメソッドを使用することでパラメータのTensor群を辞書形式で取り出すことができ、torch.saveというpickleのラッパー関数を使用してファイルに保存できます（リスト7.1）。

なお、pickle_protocol=4はPython 3.4以降に追加されたpickleの形式で巨大なオブジェクトを効率よく保存できます。

リスト7.1 モデルの保存の例

In

```
# 学習済みのニューラルネットワークモデル
net
params = net.state_dict()
# net.prmというファイルに保存
torch.save(params, "net.prm", pickle_protocol=4)
```

一方で保存したパラメータファイルを読み込むのにはtorch.load関数を使用し、nn.Moduleのload_state_dictメソッドに渡すことで実際にニューラルネットワークモデルにパラメータをセットできます（リスト7.2）。

リスト7.2 モデルの読み込みの例

In

```
# net.prmの読み込み
params = torch.load("net.prm", map_location="cpu")
net.load_state_dict(params)
```

map_locationは読み込んだパラメータをどこに保存するかです。

例えばGPUで学習したモデルのパラメータをそのまま保存すると次回torch.loadで読み込んだ時には一旦CPUに読み込んだ後、GPUに転送されます。GPUが付いていない別のサーバーで使用する際にはエラーになってしまいます。

このようなエラーを回避する方法としてmap_location引数で読み込んだ後の動作を指定します。map_locationにはデータをどこにどう配置するかを制御する関数を渡すこともできますが、PyTorchのバージョン0.4からは単純にデバイス名を書けばよくなりました。例えば リスト7.2 の例のようにmap_location="cpu"とするとCPUのメモリ上にそのまま展開します。

なお、リスト7.3 のようにパラメータ保存時に一旦モデルをCPUに転送しておくというのもよいでしょう。この場合にはmap_locationを指定せずにそのままtorch.loadで問題なく読み込めるはずです。

リスト7.3 パラメータをCPUに移動してから保存する例

In

```
# 一旦CPUにモデルを移動
net.cpu()
# パラメータ保存
params = net.state_dict()
torch.save(params, "net.prm", pickle_protocol=4)
```

7.2 FlaskでWebAPI化

PyTorchで学習したモデルを利用したWebAPIの作成について説明していきます。

WebAPIなどのWebアプリケーションを開発して動かす際にはアプリケーションフレームワークとアプリケーションサーバーの2つが必要です MEMO参照。

アプリケーションフレームワークは実際にWebアプリケーション内で行う様々な処理を書きやすくするためのライブラリであり、アプリケーションサーバーはHTTPなどの方式でクライアントからリクエストを受け取り、Webアプリケーション内の関数を呼び出し、結果をHTTPなどでクライアントに返す役割を果たします。

PythonにはWSGI（Web Server Gateway Interface）というインターフェースが規定されており、アプリケーションフレームワーク、アプリケーションサーバー共にこれに対応していればどのような組み合わせで使用してもいいようになっています。ここではメジャーなものとしてフレームワークはFlask 図7.1、サーバーはGunicorn 図7.2 を使用します。

基本的にはPyTorchのモデルを内包したFlaskのWSGIアプリケーションを作成し、それをGunicornで動かすという流れになります。第4章で作成したタコスとブリトーの判別モデルを例に説明していきます。

図7.1 Flask

● **Flask web development, one drop at a time**
URL http://flask.pocoo.org/

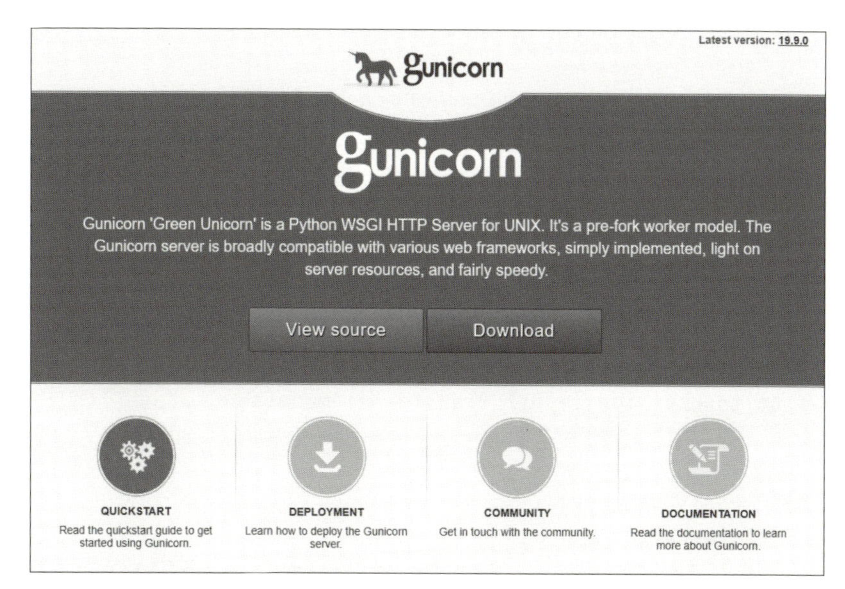

図7.2 Gunicorn

● **Gunicorn**
URL http://gunicorn.org/

MEMO

アプリケーションフレームワークとアプリケーションサーバー

近年ではNode.jsやGolangなど、言語自体にアプリケーションサーバーを内蔵している例も多々あります。

図7.3のようなディレクトリ構成にします。

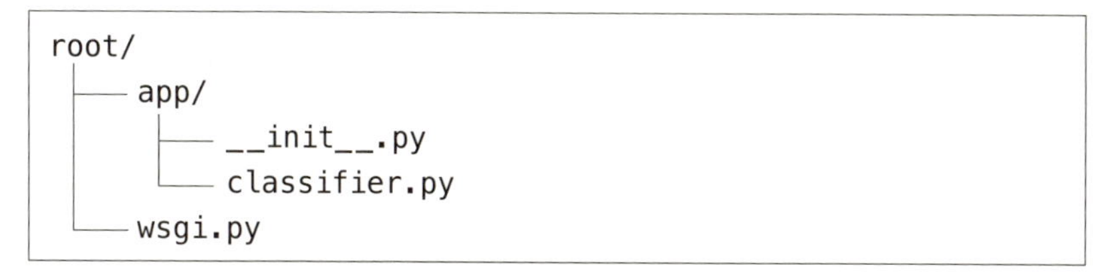

```
root/
├── app/
│   ├── __init__.py
│   └── classifier.py
└── wsgi.py
```

図7.3 ディレクトリ構成

● ラップしたクラスの作成

まずはPyTorchのモデルを利用しやすいようにラップしたクラスを作りましょう。

リスト7.4のようにネットワーク生成関数とリスト7.5のようにクラス定義のコードをclassifier.pyに実装します。

リスト7.4 classifier.py（ネットワーク生成関数）

```
# classifier.py
from torch import nn
from torchvision import transforms, models


def create_network():
    # resnet18を読み込む
    # パラメータは後でセットするのでpretrained=Trueは必要ない
    net = models.resnet18()

    # 最後の層を2出力の線形層に付け替え
    fc_input_dim = net.fc.in_features
    net.fc = nn.Linear(fc_input_dim, 2)
    return net
```

リスト7.5 classifier.py（クラスの定義）

```
class Classifier(object):
    def __init__(self, params):
        # 識別のネットワークを作成
        self.net = create_network()
        # 学習済みパラメータのセット
        self.net.load_state_dict(params)
        # 評価モードにする
        self.net.eval()
        # 画像を整形してTensorにする関数
        self.transformer = transforms.Compose([
            transforms.CenterCrop(224),
            transforms.ToTensor()
        ])
```

```
        # クラスのIDと名前の対応
        self.classes = ["burrito", "taco"]

    def predict(self, img):
        # 画像を整形してTensorに変換
        x = self.transformer(img)
        # PyTorchは常にバッチで処理するので
        # batchの次元を先頭に追加
        x = x.unsqueeze(0)
        # ネットワークの出力を計算
        out = self.net(x)
        out = out.max(1)[1].item()
        # 予測されたクラス名を返す
        return self.classes[out]
```

create_networkという関数が、ResNet18をベースに最後の層を2出力の線形層に変えたネットワークを作ります。

Classifierのコンストラクタ内でこのネットワークを作り、7.1節で説明した方法で事前に学習したパラメータを設定します。

ResNet18はBatch Normalizationを含んでいますのでevalメソッドを使用してネットワークを評価モードにしておくのを忘れないでください。また、PILパッケージMEMO参照で読み込んだ画像を整形し、PyTorchのTensorに変換する関数もtorchvision.transformsを使用して作成しておきます。

predictメソッドはPILの画像を受け取り、整形してTensorに変換してネットワークに通して予測クラスのIDを求め、実際のクラス名（burritoかtaco）を返します。

MEMO

PILパッケージ

pipなどでインストールする際のパッケージ名はpillowです。もともとはPILというライブラリがありましたが、開発が停滞したためforkされてpillowが後継かつ標準のパッケージになりました。

Flaskアプリケーションの作成

次にこの識別モデルを利用したFlaskアプリケーションを作成します
リスト7.6のコードを__init__.pyファイルに実装してください。

リスト7.6 __init__.py

```
# __init__.py
from flask import Flask, request, jsonify
from PIL import Image


def create_app(classifier):
    # Flaskアプリケーションを生成
    app = Flask(__name__)

    # POST / に対応する関数を定義
    @app.route("/", methods=["POST"])
    def predict():
        # 受け取ったファイルのハンドラーを取得
        img_file = request.files["img"]

        # ファイルが空かどうかチェック
        if img_file.filename == "":
            return "Bad Request", 400

        # PILを使用して画像ファイルを読み込む
        img = Image.open(img_file)

        # 識別モデルを使用してタコスかブリトーかを予測
        result = classifier.predict(img)

        # 結果をJSON形式で返す
        return jsonify({
            "result": result
        })

    return app
```

Flaskでは最初にFlaskのインスタンスを作り、@app.routeのようなデコレータで処理のハンドラーを追加していきます。クライアントがmultipart/

form-data形式で送信してきたファイルはrequest.filesというdictに格納されています。ここではimgというキーに決め打ちしておきます。ファイルがきちんと送られてきたかどうかをチェックし、もし問題があれば400 Bad Requestを返します。

なお説明のため、例外処理は最低限にしてあります。必要に応じて追加してください。画像ファイルはPILパッケージを使用して読み込みます。scikit-imageやOpenCVなどを利用して読み込んでもよいのですが、torchvisionはPIL形式のデータを編集する関数が豊富なのでここではPILを利用します。

この画像データをclassifier.predictに入力し得られたクラス名をjsonify関数でJSON形式にしてクライアントに返します。

レスポンスは リスト7.7 のようになります。

リスト7.7 json

```
{
    "result": "burrito"
}
```

エントリーポイント「wsgi.py」の作成

最後にGunicornを起動する際のエントリーポイントとなるwsgi.pyファイルを作ります（リスト7.8）。行うことは保存してある学習済みパラメータを読み込み、これまで説明してきたClassifierとFlaskのアプリケーションを作るだけです。パラメータファイルのパスは引数ではなく、環境変数で渡すとGunicornのコマンドで起動しやすいですし、後で紹介するDockerでデプロイする際にも都合がよいです。smart_getenvというパッケージを利用すると、デフォルト値などを指定して環境変数を取得する作業が簡単に行えて便利です。

リスト7.8 wsgi.py

```
# wsgi.py
import torch
from smart_getenv import getenv

from app import create_app
from app.classifier import Classifier

# パラメータファイルのパスを環境変数から取得
```

```
prm_file = getenv("PRM_FILE", default="/data/taco_➡
burrito.prm")
# パラメータファイルを読み込む
params = torch.load(prm_file,
                    map_location=lambda storage, ➡
loc: storage)
# ClassifierとFlaskアプリケーションを作成
classifier = Classifier(params)
app = create_app(classifier)
```

Gunicornの起動

準備が整いましたのでGunicornを起動します。端末で下記のコマンドをwsgi.pyと同じディレクトリで実行してください。コマンドの実行前に、学習済みのパラメータファイルも同じディレクトリにtaco_burrito.prmという名前で保存しておいてください。このファイルは4.3節で作成したモデルを7.1節で紹介した方法で出力することもできますし、本書の付属データのダウンロードサイト（P.viii参照）からも入手できます。

[Ubuntu端末]

```
$ PRM_FILE=taco_burrito.prm gunicorn \
    --access-logfile - -b 0.0.0.0:8080 \
    -w 4 --preload wsgi:app
```

Gunicornはとてもたくさんの設定、引数がありますのですべては説明しきれませんが、ここでは5つの設定を渡しています。

1. --access-logfile -　標準出力にアクセスログを書き出す
2. -b 0.0.0.0:8080　サーバーの待受アドレスとポートを指定
3. -w 4　4ワーカー(プロセス)で起動
4. --preload　ワーカーを起動する前にWSGIのアプリケーションコードを読み込む
5. wsgi:app　wsgi.pyの中のappというオブジェクトがWSGIのエントリーポイントであると指定

端末に以下のように表示されたら起動は成功です。終了は［Ctrl］＋［C］キーで行えます。

[Ubuntu端末]

```
[2017-12-28 22:55:07] [20288] [INFO] Starting gunicorn 19.7.1
[2017-12-28 22:55:07] [20288] [INFO] Listening at:
http://0.0.0.0:5000
[2017-12-28 22:55:07] [20288] [INFO] Using worker: sync
[2017-12-28 22:55:07] [20299] [INFO] Booting worker with pid: 20299
[2017-12-28 22:55:07] [20300] [INFO] Booting worker with pid: 20300
[2017-12-28 22:55:07] [20301] [INFO] Booting worker with pid: 20301
[2017-12-28 22:55:07] [20302] [INFO] Booting worker with pid: 20302
```

画像の送信の確認

最後にこのAPIサーバーに実際に画像を送信して識別ができるかを確認しましょう。ここではHTTPのクライアントとしてPython製のHTTPie MEMO参照 を使用します。以下のようにして`multipart/form-data`形式で画像ファイルをPOSTできます。本来であれば、URLは`http://127.0.0.1:8080`とするべきですが、HTTPieは省略して`:8080`とだけ書けばいいので便利です。<your_path>には第4章と同様にタコスとブリトーの画像を保存している任意のディレクトリを指定してください。まずはタコスの画像をAPIに入力してみます。

MEMO

HTTPie

wgetやcurlなどでも代用できますが、HTTPieは出力に色が付いていて見やすく、引数もcurlなどと比べてシンプルで使いやすいように設計されていますのでお勧めです。pipやapt-getなどで簡単にインストールできます。

[Ubuntu端末]

```
$ sudo apt install httpie
$ http --form post :8080 img@<your_path>/test/taco/➡
360.jpg                                    任意のディレクトリを指定

HTTP/1.1 200 OK
Connection: close
Content-Length: 23
Content-Type: application/json
Date: Thu, 28 Dec 2017 14:37:56 GMT

Server: gunicorn/19.7.1

{
    "result": "taco"
}
```

うまく識別できているようです。ブリトーでも試してみましょう。

[Ubuntu端末]

```
$ http --form post :8080 img@<your_path>/test/burrito/➡
360.jpg                                    任意のディレクトリを指定

HTTP/1.1 200 OK
Connection: close
Content-Length: 26
Content-Type: application/json
Date: Thu, 28 Dec 2017 14:40:47 GMT
Server: gunicorn/19.7.1

{
    "result": "burrito"
}
```

こちらも識別成功です。

7.3 Dockerを利用したデプロイ

この節はDockerの基礎知識を持っていて利用したことのある読者を対象としています。もしまだDockerを触ったことがなければ公式のチュートリアル（Docker Documentation MEMO参照）などに目を通しておくとよいでしょう。

MEMO

Docker Documentation

Dockerの公式チュートリアル（図7.4）。

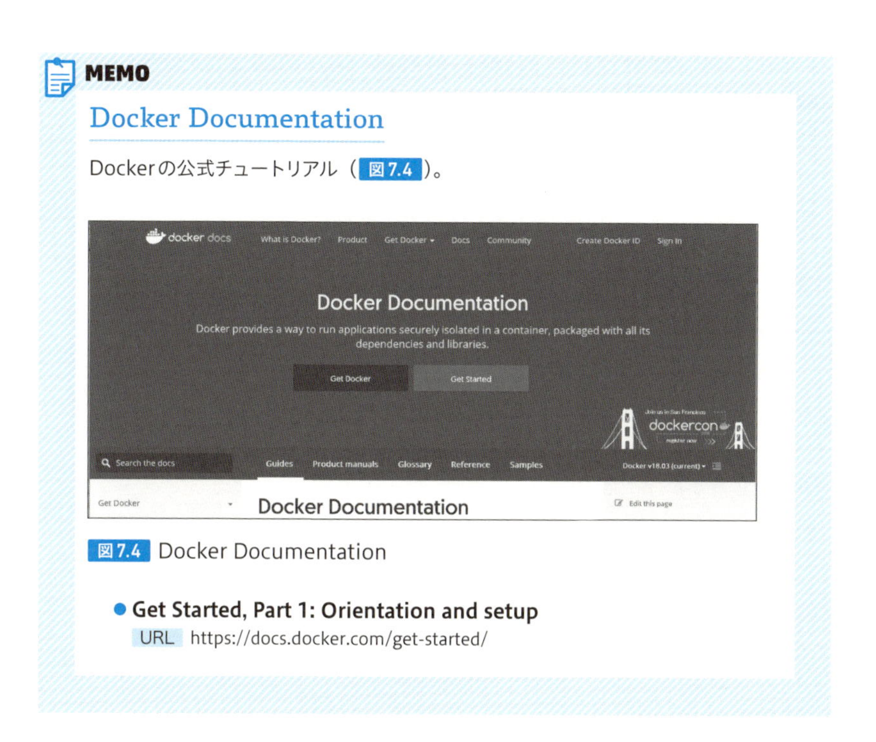

図7.4 Docker Documentation

- **Get Started, Part 1: Orientation and setup**
  URL https://docs.docker.com/get-started/

7.3.1 nvidia-dockerのインストール

PyTorchをDockerで使用する際の最大の障害はGPUのサポートです。訓練済みモデルを動かすだけでしたらCPUでも十分なことが多いですが、モデルの訓練を行いたい場合はGPUが必須になります。Dockerは仮想化の技術であり、GPUを利用するには一定の手順を踏む必要がありましたが、幸いなことに、NVIDIA社によって`nvidia-docker`というパッケージが提供されており、これを利用することでユーザーはほとんど何も考えなくても問題ないようになっています。

Ubuntu 16.04ではnvidia-dockerは次のようにしてインストールできます。まずaptのレポジトリとキーを追加します。

[Ubuntu端末]

```
$ curl -s -L https://nvidia.github.io/nvidia-docker/➡
gpgkey | \
sudo apt-key add -
$ curl -s -L https://nvidia.github.io/nvidia-docker/➡
ubuntu16.04/amd64/nvidia-docker.list | \
sudo tee /etc/apt/sources.list.d/nvidia-docker.list
```

aptのパッケージリストの更新します。

[Ubuntu端末]

```
$ sudo apt-get update
```

nvidia-dockerをインストールします。

[Ubuntu端末]

```
$ sudo apt-get install -y nvidia-docker2
```

docker daemonを再起動します。

[Ubuntu端末]

```
$ sudo pkill -SIGHUP dockerd
```

7.3.2 PyTorchのDockerイメージ作成

次にPyTorchを含んだベースイメージを用意します。リスト7.9のようなDockerfileを用意し、ビルドします。このDockerfileでは`nvidia/cuda:9.0-base`をベースにしています。このイメージはCUDAのプログラムを動かすための最小の構成のイメージです。そしてMinicondaをインストールして、`conda`コマンドを使用してPyTorchをインストールしています。

リスト7.9 Dockerfile

```
FROM nvidia/cuda:9.0-base

# Miniconda をインストールするための最低限のパッケージをインストール
RUN set -ex \
    && deps=' \
        bzip2 \
        ca-certificates \
        curl \
        libgomp1 \
        libgfortran3 \
    ' \
    && apt-get update \
    && apt-get install -y --no-install-recommends $deps \
    && rm -rf /var/lib/apt/lists/*

ENV PKG_URL https://repo.continuum.io/miniconda/➡
Miniconda3-latest-Linux-x86_64.sh
ENV INSTALLER miniconda.sh

# miniconda をインストール
RUN set -ex \
    && curl -kfSL $PKG_URL -o $INSTALLER \
    && chmod 755 $INSTALLER \
    && ./$INSTALLER -b -p /opt/conda3 \
    && rm $INSTALLER

# miniconda を PATH に追加
ENV PATH /opt/conda3/bin:$PATH

# PyTorch v0.4 をインストール
```

```
ENV PYTORCH_VERSION 0.4

RUN set -ex \
    && pkgs=" \
        pytorch=${PYTORCH_VERSION} \
        torchvision \
    " \
    && conda install -y ${pkgs} -c pytorch \
    && conda clean -i -l -t -y
```

最後にconda cleanを実行してインストール時にダウンロードしたパッケージファイルを削除します。特にPyTorchのパッケージファイルは500MB程度ありますので、これをすることでできあがるDockerのイメージサイズが大幅に変わります。

なお、このDockerイメージはDocker Hubにlucidfrontier45/pytorchという名前で登録してありますのでそれをPullして実行したり、ベースイメージとして使用したりしてください。

- **Docker Hub**
  URL https://hub.docker.com/

nvidia-dockerを使用して実際にPyTorchとCUDAが使用できるかを確認するには次のコマンドを実行します。

[Ubuntu端末]

```
$ sudo nvidia-docker run -it --rm lucidfrontier45/pytorch \
    python -c "import torch; print(torch.randn(3).to➡
('cuda:0'))"
(…中略…)
tensor([0.2023, -1.0424, -1.2000], device='cuda:0')
```

dockerコマンドの代わりにnvidia-dockerを使用しています。そしてPyTorchをインポート（import）して、TensorをGPUに転送できるかを確認しています。上の例のようにtensor([0.2023, -1.0424, -1.2000], device='cuda:0')と表示されていればうまく行われています。

7.3.3 WebAPIのデプロイ

7.2節で作成したWebAPIを実際にDockerでデプロイしてみましょう。図7.5のように新たにrequirements.txtとDockerfileを作成します。

```
root/
  ├── app/
  │     ├── __init__.py
  │     └── classifier.py
  ├── wsgi.py
  ├── requirements.txt
  └── Dockerfile
```

図7.5 ディレクトリ構成

requirements.txtにはリスト7.10のようにPyTorch以外の必要なパッケージを書きます。

リスト7.10 requirements.txt

```
smart-getenv
flask
gunicorn
```

Dockerfileにはリスト7.11のように必要なファイルをすべてコピーして、pipコマンドでライブラリをインストールし、最後にgunicornを実行するように記述します。

リスト7.11 Dockerfile

```
FROM lucidfrontier45/pytorch

RUN mkdir /webapp
WORKDIR /webapp

COPY requirements.txt /webapp
RUN pip install --no-cache-dir -r requirements.txt

COPY app /webapp/app

COPY taco_burrito.prm /webapp/
```

```
COPY wsgi.py /webapp/

ENV PRM_FILE /webapp/taco_burrito.prm

CMD gunicorn --access-logfile - \
             -b 0.0.0.0:8080 -w 4 \
             --preload wsgi:app
```

これをビルドし、実行してみましょう。なお、ここでは学習ではなく、学習済みモデルのデプロイのみですので、nvidia-dockerは必要なく、通常のdockerコマンドで実行できます。

[Ubuntu端末]

```
$ sudo docker build -t taco-burrito-api .
Successfully built f8e37b726772
Successfully tagged taco-burrito-api:latest
$ sudo docker run -it --rm -p 8080:8080 taco-burrito-api

[2017-12-29 15:49:15] [7] [INFO] Starting gunicorn 19.7.1
[2017-12-29 15:49:15] [7] [INFO] Listening at: http://0.➡
0.0.0:8080
[2017-12-29 15:49:15] [7] [INFO] Using worker: sync
[2017-12-29 15:49:15] [12] [INFO] Booting worker with pid: 12
[2017-12-29 15:49:15] [13] [INFO] Booting worker with pid: 13
[2017-12-29 15:49:15] [14] [INFO] Booting worker with pid: 14
[2017-12-29 15:49:15] [15] [INFO] Booting worker with pid: 15
```

APIサーバーが立ち上がりました。以前と同様にHTTPieなどを使用して動作を確認してみましょう。別のターミナルを立ち上げて以下のコマンドを入力してください。

[別のUbuntu端末]

```
$ http --form post :8080 img@<your_path>/test/taco/➡
360.jpg
                                        任意のディレクトリを指定

HTTP/1.1 200 OK
Connection: close
Content-Length: 23
Content-Type: application/json
Date: Thu, 29 Dec 2017 20:03:13 GMT
Server: gunicorn/19.7.1

{
    "result": "taco"
}
```

識別APIが正しく動いています。終了は［Ctrl］＋［C］キーで行えます。

7.4 ONNXを使用した他のフレームワークとの連携

ここではONNXというニューラルネットワークのモデルを共通化するフォーマットについて説明し、PyTorchで学習したモデルをONNX経由でCaffe2という別のフレームワークで実行してみます。

7.4.1 ONNXとは

ONNX（Open Neural Network Exchange）はFacebook社とMicrosoft社が中心となって提唱したニューラルネットワークモデルを共通化するための最新フォーマットであり、あるフレームワークで作成したモデルを別のフレームワークで推論を動かすための仕組みです（図7.6）。PyTorchはもちろん、両社が中心となって開発しているCaffe2やCNTKの他、Amazon社がスポンサーとなっているMXNetへの対応も発表しています。

図7.6 ONNX

● ONNX
URL https://onnx.ai/

特にPyTorchはPythonのライブラリですのでモバイル端末などで利用するのは困難ですが、ONNXを経由してCaffe2やMXNetなどのC++ベースのフレームワークでモバイル端末などにデプロイできると応用の可能性が一気に広がります（図7.7）。

(1)

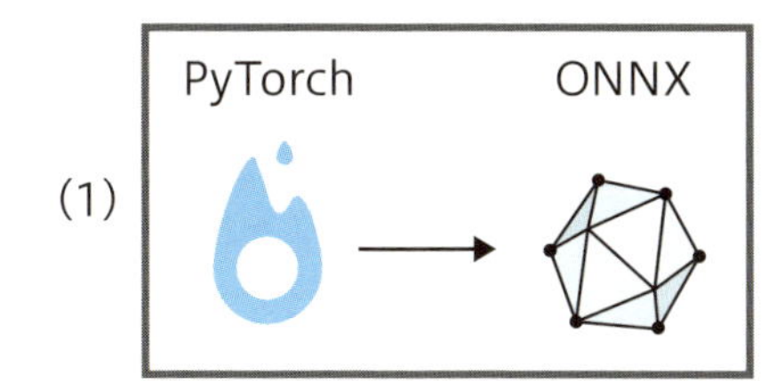

(2)

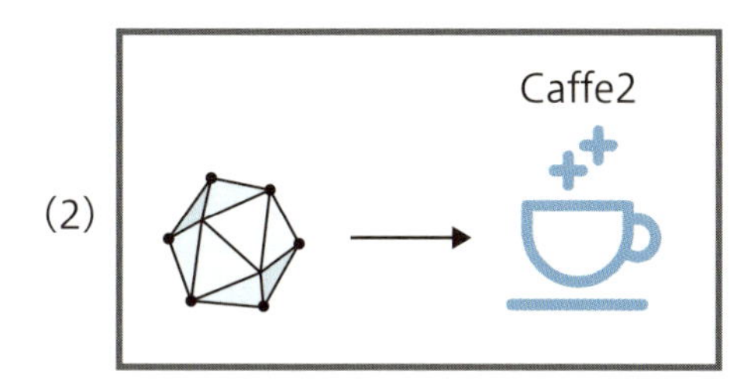

図7.7 ONNXの用途。(1) GPUを搭載したLinuxのサーバーやPC等でPyTorchなどの扱いやすいフレームワークを使用してモデルを組み立てて学習し、結果のモデルはONNX形式にエクスポート。(2) Caffe2などのC/C++で書かれた様々な環境で動くフレームワークを使用してONNX形式のモデルをインポートし、モバイル端末上のアプリケーションとして動かす

ここではPyTorchで生成したモデルをONNX経由でCaffe2で動かしてみましょう。ONNXはとても新しい規格であり、各フレームワーク間で対応に差がありますが、PyTorchとCaffe2は共にFacebook社が開発しているということもあって比較的安定した動作を期待できます。

7.4.2 PyTorchのモデルのエクスポート

PyTorchのモデルをONNXに変換してみましょう。ここでは再びタコスとブリトーの識別モデルを使用します。

学習済みモデルの読み込み

ここからは、Jupyter Notebookで実行していきます。

まずは学習済みモデルを読み込みます（リスト7.12）。ネットワークモデルは忘れずに評価モードにしましょう。

リスト7.12 学習済みモデルの読み込み

In

```
from torchvision import models

def create_network():
    # resnet18ベースの2クラス識別モデル
    net = models.resnet18()
    fc_input_dim = net.fc.in_features
    net.fc = nn.Linear(fc_input_dim, 2)
    return net

# モデルの生成
net = create_network()

# パラメータの読み込みとモデルへセット
prm = torch.load("taco_burrito.prm", map_location="cpu")
net.load_state_dict(prm)

# 評価モードに設定
net.eval()
```

ONNXへのエクスポート

次にONNXにエクスポートします。PyTorchは動的な計算グラフを使用しますのでエクスポートする際にネットワークの計算を実際に一度実行する必要があります。この際は実際の画像データなどを使用する必要はなく、次元が同一のダミーデータで問題ありません。

この場合は224×224ピクセルの3色の画像ですのでバッチの次元も含めて（1, 3, 224, 224）のダミーデータを使用します。ネットワークモデル、ダミーデータ、そして保存先のファイル名を`torch.onnx.export`に渡します（リスト7.13）。

リスト7.13 taco_burrito.onnxの出力

In

```
import torch.onnx

dummy_data = torch.empty(1, 3, 224, 224, dtype=torch.float32)
torch.onnx.export(net, dummy_data, "taco_burrito.onnx")
```

以上でエクスポートが完了です。ONNXの制限の1つとしてPyTorchなどの動的計算グラフのフレームワークからエクスポートする場合は一度計算を通しで行うため、ネットワークの中でif文などで分岐している場合には正しくエクスポートされないという点に注意してください。

7.4.3 Caffe2でONNXモデルを使用する

ONNXのモデルの読み込みには`onnx`、Caffe2でONNXのモデルを使用するにはCaffe2に含まれている`caffe2.python.onnx`というパッケージを使用してモデルの変換をします（リスト7.14）。

リスト7.14 ONNXからインポート

In

```
import onnx
from caffe2.python.onnx import backend as caffe2_backend

# ONNXモデルを読み込む
onnx_model = onnx.load("taco_burrito.onnx")

# ONNXモデルをCaffe2モデルに変換
backend = caffe2_backend.prepare(onnx_model)
```

後は`backend.run`に画像データをNumPyの`ndarray`形式で入れれば、計算ができます。リスト7.15の例では、もともとのPyTorchのモデルとONNX経由でCaffe2を使用したモデルの場合で、結果が同じになることを確認しています。

リスト7.15 PyTorchモデルとONNX経由のCaffe2モデルの比較

In

```
from PIL import Image
from torchvision import transforms

# 画像をクロップしてTensorに変換する関数
transform = transforms.Compose([
    transforms.CenterCrop(224),
    transforms.ToTensor()
])

# 画像の読み込み
img = Image.open("<your_path>/test/burrito/360.jpg")
                  任意のディレクトリを指定

# Tensorに変換し、バッチの次元を足す
img_tensor = transform(img).unsqueeze(0)
# ndarrayに変換
img_ndarray = img_tensor.numpy()

# PyTorchで実行
net(img_tensor)
```

Out

```
tensor([[ 1.1262, -1.8448]])
```

In

```
# ONNX/Caffe2で実行
output = backend.run(img_ndarray)
output[0]
```

Out

```
array([[ 1.126245 , -1.8447802]], dtype=float32)
```

内部の実装の違いのためか僅かな誤差はありますが、同じ計算結果が返ってきていますのでPyTorchで作成したネットワークモデルをONNX経由で正しくCaffe2で実行することができたことがわかります。

7.4.4 ONNXモデルをCaffe2モデルとして保存

先の例ではONNXのモデルの実行にCaffe2をバックエンドとして使用しており、ネットワークの計算自体はONNXのAPIを使用しています。ONNXに依存せず、純粋なCaffe2のモデルに変換するにはリスト7.16のように記述します。

リスト7.16 ONNXに依存せずCaffe2のモデルに変換する

In

```
from caffe2.python.onnx.backend import Caffe2Backend
init_net, predict_net = \
    Caffe2Backend.onnx_graph_to_caffe2_net(onnx_model)
```

onnx_graph_to_caffe2_netはCaffe2のネットワーク定義（predict_net）とパラメータ（init_net）を生成します。この2つはリスト7.17のようにしてファイルに保存できます。

リスト7.17 生成したCaffe2のネットワーク定義とパラメータの保存

In

```
with open('init_net.pb', "wb") as fopen:
    fopen.write(init_net.SerializeToString())
with open('predict_net.pb', "wb") as fopen:
    fopen.write(predict_net.SerializeToString())
```

このようにすればONNXに依存せずにCaffe2のAPIのみを利用してこのモデルで推論ができます。こうすることでPythonだけでなく、C++のCaffe2のAPIを利用することができ、Pythonが利用できないモバイル環境などにもデプロイすることができます。

本書の範囲を超えるため扱いませんが、Caffe2を利用したAndroidのデモアプリケーション（Caffe2-android）MEMO参照も公開されていますので、興味のある読者の方はぜひ試してみるとよいでしょう。

また、Caffe2以外にMXNetもONNXに対応していて、かつモバイルをサポートしていますので、同様のことができるはずです。

さらに近年ではQualcomm社を筆頭にモバイルのSoC MEMO参照レベルでONNXをサポートする流れもありますので将来的にはこういったフレームワークに依存せずにOSレベルでONNXを利用した推論APIが提供される可能性もあります。今後ますますONNXの利用は増えていくでしょう。

MEMO

caffe2-android

- **Integrating Caffe2 on iOS/Android**
  URL https://caffe2.ai/docs/mobile-integration.html

- **AI Camera Demo and Tutorial**
  URL https://caffe2.ai/docs/AI-Camera-demo-android.html

MEMO

SoC

CPU以外にも様々なチップをまとめたものです。

7.5 まとめ

本章で解説した内容をまとめました。

PyTorchの学習済みモデルの保存と読み込みの方法を説明して、Flaskを用いてWebAPIを作成しました。WebAPIはDockerを利用することでデプロイ時の環境構築に悩まされずに済みます。DockerをGPUと共に利用したい場合は`nvidia-docker`を用いるとよいでしょう。

ONNXは様々なフレームワーク間でモデルを共通化する仕組みです。これを利用することでPyTorchなど、試行錯誤に向いたフレームワークでモデルを構築・訓練し、ONNXを経由してCaffe2やMXNetなどのフレームワークでモバイル端末など、Pythonが利用できない環境にも学習済みのモデルをデプロイできます。

Appendix 1 訓練の様子を可視化する

ここでは各章で行ってきた訓練の様子を可視化する方法について解説します。

A1.1 TensorBoardによる可視化

本書を通して訓練の様子はprint部分で表示していましたが、リアルタイムでプロットして可視化することができませんでした。ここで紹介するTensorFlowには、TensorBoardという素晴らしい可視化ツールが付いています。実は、PyTorchからも同じ形式のログを書き出すことで、TensorBoardで学習過程を可視化できます。
tensorboardXというサードパーティのライブラリを利用すれば、ログを書き出し、TensorBoardで学習過程を可視化してくれます。

TensorBoardとtensorboardXのインストール

以下のようにしてTensorBoardと共にtensorboardXもインストールします。

[Ubuntu端末]

```
$ pip install tensorflow tensorboard tensorboardX
```

tensorboardXの利用

使用法はとても簡単で、SummaryWriterというクラスのインスタンスを作成して、add_scalarなどのメソッドで、記録したい値を書いていきます。SummaryWriterを作る際に指定した出力のディレクトリにログが書かれていきますので、そのディレクトリを指定してTensorBoardを起動します。

[Ubuntu端末]

```
$ tensorboard --logdir <log_dir>
```

ディレクトリを指定

Webブラウザで確認

デフォルトでは6006ポートでWebサーバーが起動しますので、ブラウザでhttp://localhost:6006/を開いて確認します。

第4章のFashion-MNIST（4.2節）の例で試してみましょう。

まずはリスト4.3のtrain_netをリストA1.1のように書き換えます。

リストA1.1 train_net関数の作成

In

```
# 評価のヘルパー関数
(…中略…)
# 訓練のヘルパー関数
def train_net(net, train_loader, test_loader,
              optimizer_cls=optim.Adam,
              loss_fn=nn.CrossEntropyLoss(),
              n_iter=10, device="cpu", writer=None):
    train_losses = []
    train_acc = []
    val_acc = []
    optimizer = optimizer_cls(net.parameters())
    for epoch in range(n_iter):
        running_loss = 0.0
        # ネットワークを訓練モードにする
        net.train()
        n = 0
        n_acc = 0
        # 非常に時間がかかるのでtqdmを使用してプログレスバーを出す
        for i, (xx, yy) in tqdm.tqdm(enumerate(train_➡
loader),
            total=len(train_loader)):
            xx = xx.to(device)
            yy = yy.to(device)
            h = net(xx)
            loss = loss_fn(h, yy)
            optimizer.zero_grad()
            loss.backward()
            optimizer.step()
            running_loss += loss.item()
            n += len(xx)
            _, y_pred = h.max(1)
            n_acc += (yy == y_pred).float().sum().item()
```

```
        train_losses.append(running_loss / i)
        # 訓練データの予測精度
        train_acc.append(n_acc / n)
        # 検証データの予測精度
        val_acc.append(eval_net(net, test_loader, ➡
device))
        # このepochでの結果を表示
        print(epoch, train_losses[-1], train_acc[-1], ➡
val_acc[-1], flush=True)
        if writer is not None:
            writer.add_scalar('train_loss', train_➡
losses[-1], epoch)
            writer.add_scalars('accuracy', {
                "train": train_acc[-1],
                "validation": val_acc[-1]
            }, epoch)
```

関数の最後の引数がSummaryWriterのオブジェクトです。各epochのループの最後でadd_scalarやadd_scalarsメソッドを使用してログを書き出します。add_scalarsとは、複数の値を同じグラフに出力するメソッドです。そしてリストA1.2で実際に訓練をする際にはまずSummaryWriterのインスタンスを作り、これをtrain_netに渡します。

リストA1.2の例では/tmp/cnnというディレクトリにログを出力しています。

リストA1.2 ログの出力

In

```
from tensorboardX import SummaryWriter

# SummaryWriterを作成
writer = SummaryWriter("/tmp/cnn")

# 訓練を実行
net.to("cuda:0")
train_net(net, train_loader, test_loader, n_iter=20, ➡
device="cuda:0", writer=writer)
```

リスト4.1 → リスト4.2 → リストA1.1の修正を施したリスト4.3 → リストA1.2の順番で実行すると学習がはじまります。/tmp/cnnにログファイルが生成されたことを確認したら以下のコマンドでTensorBoardを起動して、ブラウザで`http://127.0.0.1:6006/`を開いて確認してください（図A1.1）。なお実行には、直前に起動させたtensorboardを［Ctrl］＋［C］キーを押して終了させる必要があります。

[Ubuntu端末]

```
$ tensorboard --logdir /tmp/cnn
```

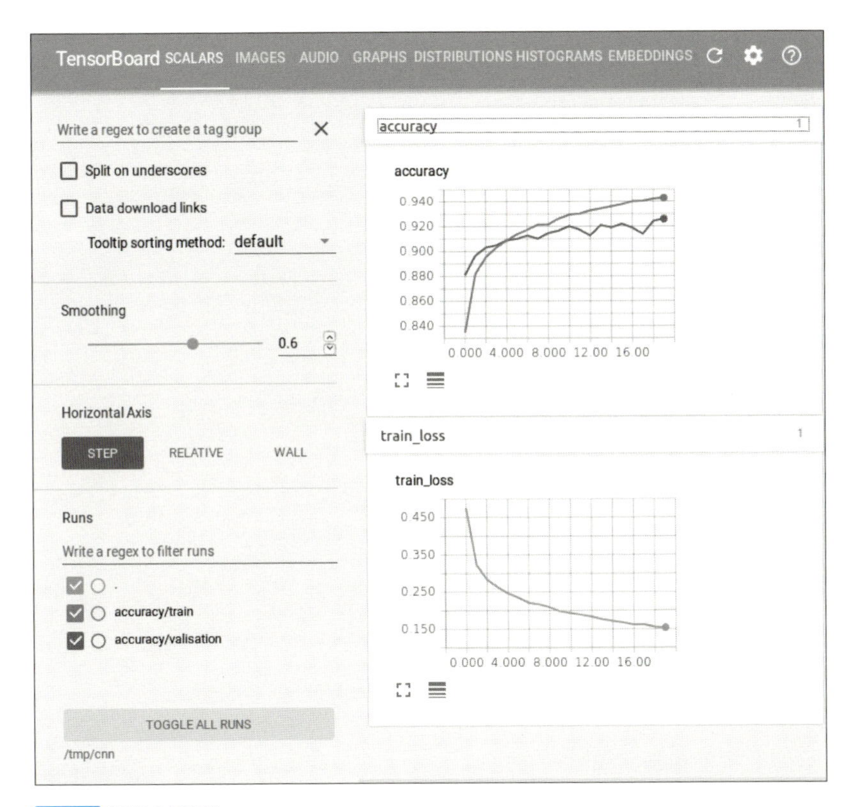

図A1.1 訓練の可視化

tensorboardXの詳しいAPIは、以下の公式Docを参照してください。

- **tensorboardX**
  URL http://tensorboard-pytorch.readthedocs.io/en/latest/tensorboard.html

Appendix 2

ColaboratoryでPyTorchの開発環境を構築する

ここでは、Google社の提供する無料の開発環境「Colaboratory」を紹介します。

A2.1 ColaboratoryによるPyTorch開発環境の構築方法

Colaboratoryで PyTorchの開発環境を構築する方法を紹介します。

A2.1.1 Colaboratoryとは

Colaboratoryは Google社が公開しているWebサービスで、無料で利用できるJupyter Notebookのクラウド環境のようなものです。ipynbファイルはGoogle Drive上に保存され、Google Docsのようにシェアすることもできます。Colaboratoryは何とNVIDIA Tesla K80というGPUも無料で利用できるため、手元にGPUのマシンがなくても深層学習を検証することが可能です。

A2.1.2 マシンスペック

本書執筆時点（2018年8月現在）では以下のようなスペックになっています。

- CPU：Intel Xeon 2.3GHz 2コア
- Memory：13 GB
- Disk：40 GB
- GPU：NVIDIA Tesla K80
- OS：Ubuntu 17.10

上記のスペックの仮想マシンが最大で12時間連続で使用できます。

12時間を超えるか、あるいは90分以上アイドル状態が続くと、仮想マシンが削除され、データもすべて破棄されるので注意してください。

A2.1.3 PyTorchの環境構築

以下のサイトにWebブラウザでアクセスするとColaboratoryを開くことができます。Googleアカウントでサインインが必要ですので持っていない場合は事前に作成してください。

- **Colaboratory**
  URL https://colab.research.google.com

GPUの環境を設定する

Colaboratoryにアクセスすると図A2.1の画面になるので、「キャンセル」をクリックします。

図A2.1 「キャンセル」をクリック

メニューから「ファイル」（図A2.2❶）→「Python 3の新しいノートブック」を選択します❷。

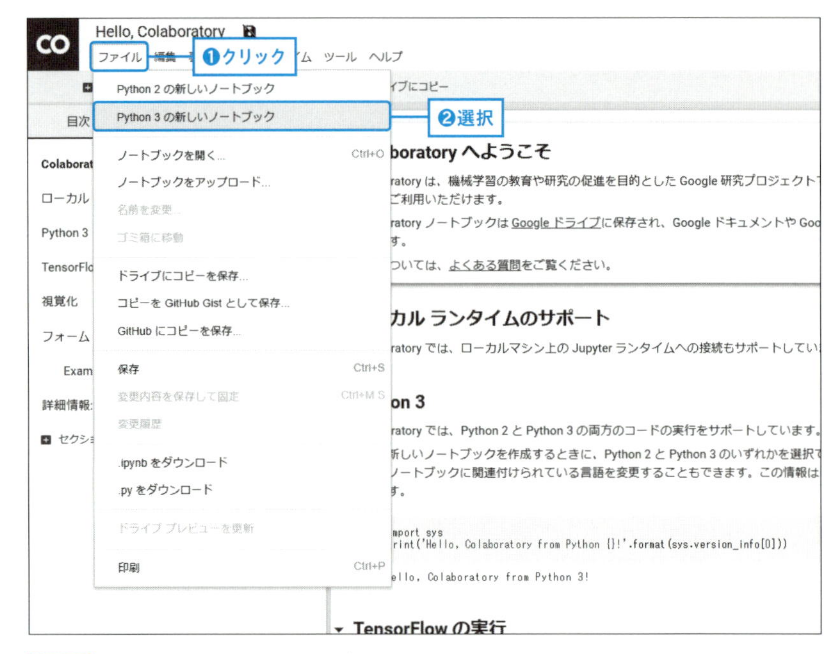

図A2.2「Python 3の新しいノートブック」を選択

メニューから「ランタイム」（図A2.3❶）→「ランタイムのタイプを変更」を選択します❷。

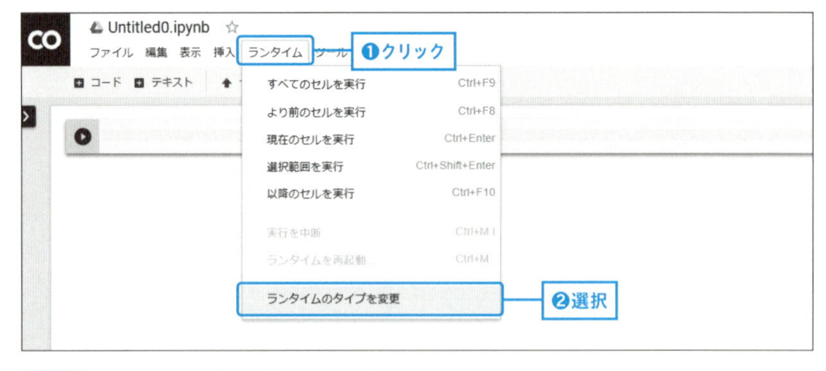

図A2.3「ランタイムのタイプを変更」を選択

「ノートブックの設定」のダイアログが開きます。「ハードウェアアクセラレータ」の「▼」をクリックして（図A2.4❶）、「GPU」を選択します❷。

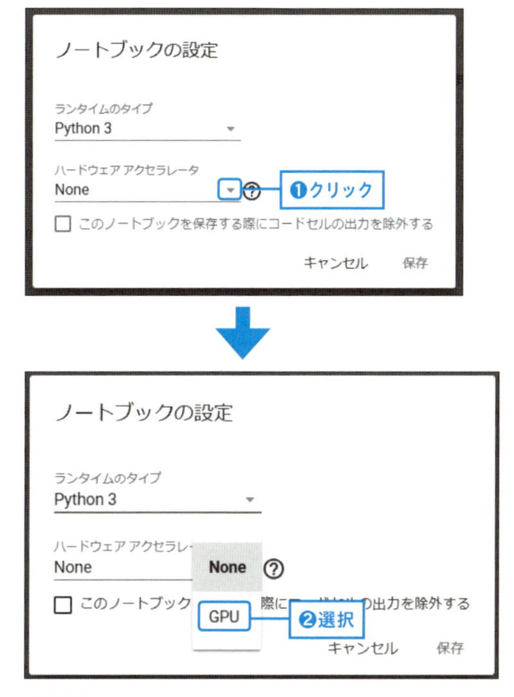

図A2.4「GPU」を選択

選択したら「保存」をクリックします（図A2.5）。

図A2.5「保存」をクリック

コードセルを作成してコードを実行する

メニューから「挿入」（図A2.6❶）→「コードセル」を選択します❷。

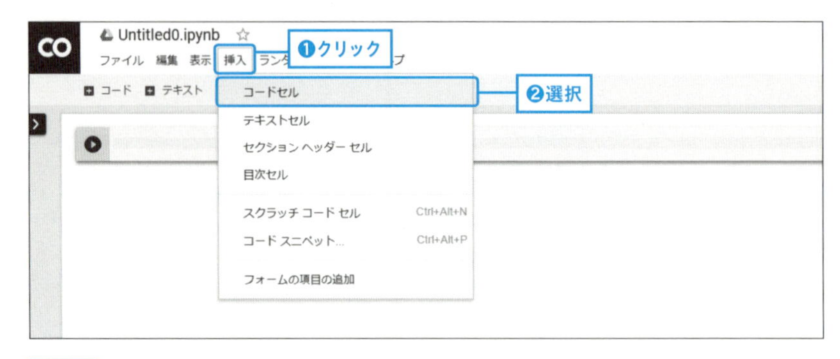

図A2.6 「コードセル」を選択

コードの入力セルが追加されます（図A2.7）。

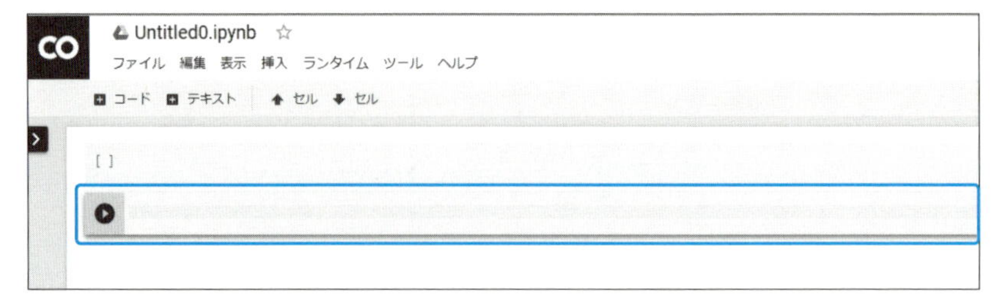

図A2.7 コードの入力セルが追加される

コードを入力して（図A2.8❶）、[▶] をクリックすると❷、出力がその下に表示されます❸。

図A2.8 コードを実行

● テキストを入力する

メニューから「挿入」（図A2.9❶）→「テキストセル」を選択します❷。

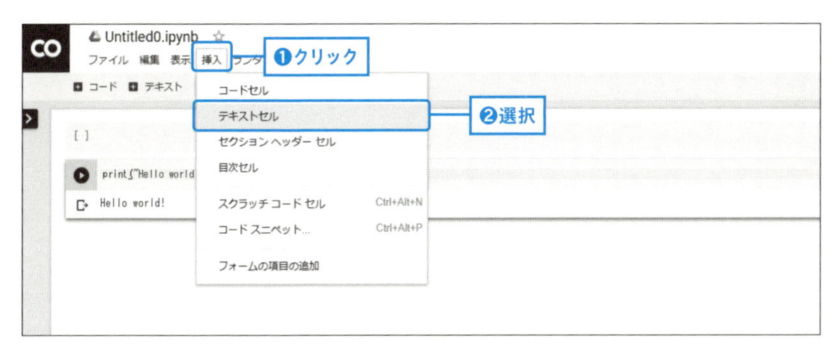

図A2.9「テキストセル」を選択

テキストを入力すると（図A2.10❶）、右にプレビューが表示されます❷。

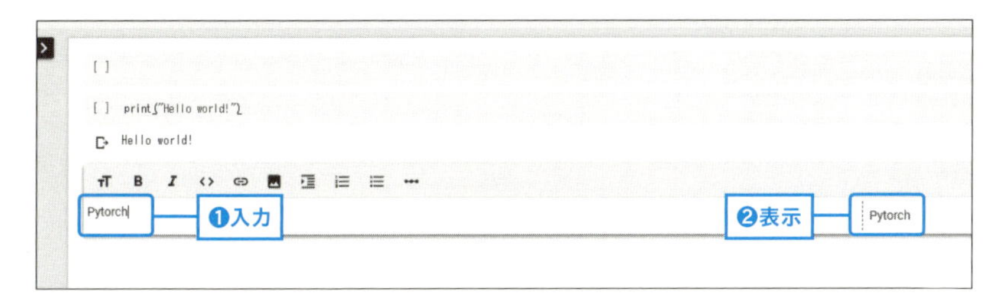

図A2.10 テキストを入力

[Shift] + [Enter] キーを押すと入力が確定されます（図A2.11）。

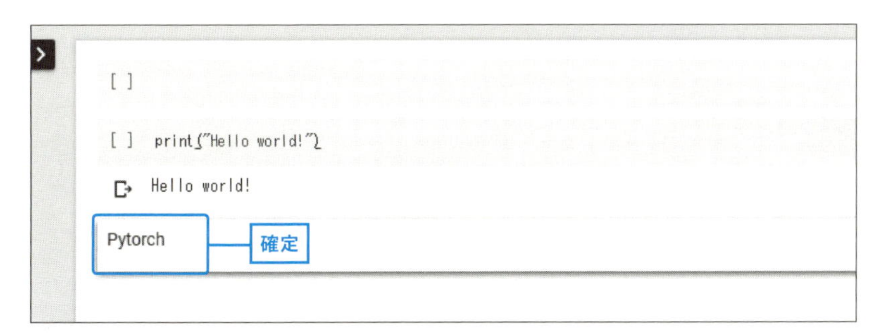

図A2.11 入力の確定

ファイル名を変更する

左上のUntitled0.ipynbをクリックすると同じテキスト内にカーソルが表示されます（図A2.12）。

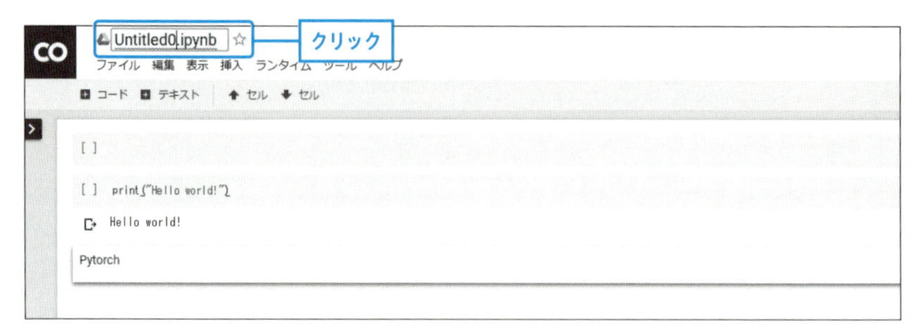

図A2.12 左上のファイル名をクリック

ファイル名を入力します（ここでは「Untitled0」を「PyTorch」に変更。図A2.13）。

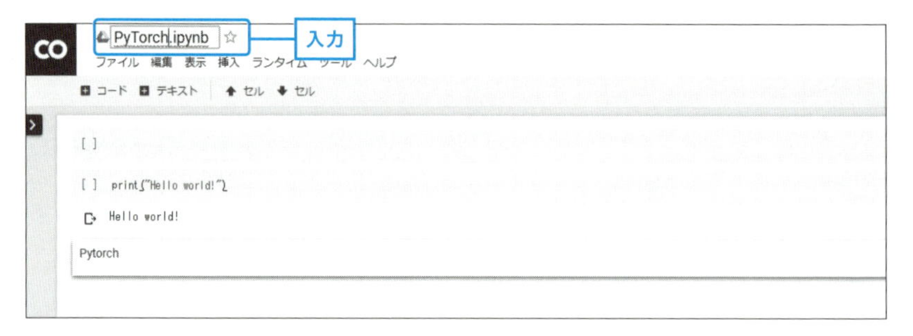

図A2.13 ファイル名を入力

[Shift] + [Enter] キーを押すと入力が確定されます（図A2.14）。

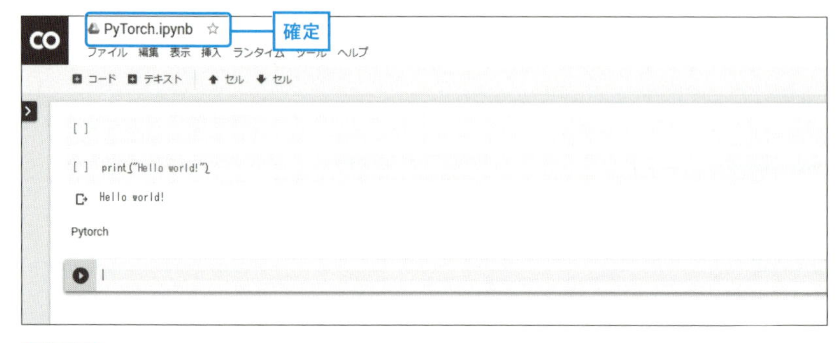

図A2.14 ファイル名を確定

便利な機能

メニューの「ファイル」の下にある「コード」のアイコンをクリックすると（図A2.15❶）、コードセルを追加できます❷。

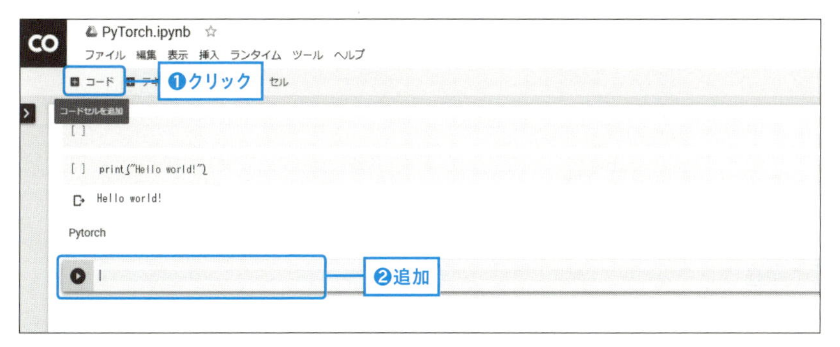

図A2.15 コードセルの追加

メニューの「編集」の下にある「テキスト」のアイコンをクリックすると（図A2.16❶）テキストセルを追加できます❷。

図A2.16 テキストセルの追加

メニューの「挿入」の下にある「↑セル」のアイコンをクリックすると（図A2.17❶）選択中のセルを上に移動できます❷。メニューの「ランタイム」の下にある「↓セル」のアイコンをクリックすると❸、選択中のセルを下に移動できます❹。

図A2.17 選択中のセルの移動

A2.1.4　PyTorchのインストール

次にPyTorchをインストールします。Colaboratoryでは！を先頭に付けることでshellのコマンドを実行できますので、コードセルで以下のようにpipを使用してPyTorchなどのライブラリをインストールします。

なお、NumPyなどははじめからインストールされているので、ここでは以下の3つのみを追加でインストールします（リストA2.1）。

リストA2.1　PyTorchのインストール

In

```
!pip3 install http://download.pytorch.org/whl/cu80/➡
torch-0.4.0-cp36-cp36m-linux_x86_64.whl
!pip3 install torchvision
!pip3 install tqdm
```

Out

```
Collecting torch==0.4.0 from http://download.pytorch.➡
org/whl/cu80/torch-0.4.0-cp36-cp36m-linux_x86_64.whl
  Downloading http://download.pytorch.org/whl/cu80/➡
torch-0.4.0-cp36-cp36m-linux_x86_64.whl (484.0MB)
    100% |████████████████████████████████| 484.0MB 47.6MB/s
tcmalloc: large alloc 1073750016 bytes == ➡
0x5c2b6000 @  0x7f38e6df81c4
0x46d6a4 0x5fcbcc 0x4c494d 0x54f3c4 0x553aaf 0x54e4c8 ➡
0x54f4f6 0x553aaf 0x54efc1 0x54f24d 0x553aaf 0x54efc1 ➡
0x54f24d 0x553aaf 0x54efc1 0x54f24d 0x551ee0 0x54e4c8 ➡
0x54f4f6 0x553aaf 0x54efc1 0x54f24d 0x551ee0 0x54efc1 ➡
0x54f24d 0x551ee0 0x54e4c8 0x54f4f6 0x553aaf 0x54e4c8
Installing collected packages: torch
Successfully installed torch-0.4.0
Collecting torchvision
  Downloading https://files.pythonhosted.org/packages/➡
ca/0d/f00b2885711e08bd71242ebe7b96561e6f6d01fdb4b9dcf4d➡
37e2e13c5e1/torchvision-0.2.1-py2.py3-none-any.whl (54kB)
    100% |████████████████████████████████| 61kB 5.6MB/s
Collecting pillow>=4.1.1 (from torchvision)
```

```
  Downloading https://files.pythonhosted.org/packages/➡
d1/24/f53ff6b61b3d728b90934bddb4f03f8ab584a7f49299bf3bd➡
e56e2952612/Pillow-5.2.0-cp36-cp36m-manylinux1_x86_64.➡
whl (2.0MB)
    100% |████████████████████████████████| 2.0MB 13.5MB/s
Requirement already satisfied: six in /usr/local/lib/➡
python3.6/dist-packages (from torchvision) (1.11.0)
Requirement already satisfied: torch in /usr/local/lib/➡
python3.6/dist-packages (from torchvision) (0.4.0)
Requirement already satisfied: numpy in /usr/local/lib/➡
python3.6/dist-packages (from torchvision) (1.14.5)
Installing collected packages: pillow, torchvision
  Found existing installation: Pillow 4.0.0
    Uninstalling Pillow-4.0.0:
      Successfully uninstalled Pillow-4.0.0
Successfully installed pillow-5.2.0 torchvision-0.2.1
Collecting tqdm
  Downloading https://files.pythonhosted.org/packages/➡
93/24/6ab1df969db228aed36a648a8959d1027099ce45fad67532b➡
9673d533318/tqdm-4.23.4-py2.py3-none-any.whl (42kB)
    100% |████████████████████████████████| 51kB 5.2MB/s
Installing collected packages: tqdm
Successfully installed tqdm-4.23.4
```

インストール後、一度上部のメニューバーから［ランタイム］→［ランタイムを再起動］と選択してNotebookのランタイムを再起動させます。その後例えば、リストA2.2のようにGPU上にTensorを作成してみて問題がなければインストール成功です。

リストA2.2 インストールが成功したかを確認

In

```
import torch
torch.tensor([1,2,3]).to("cuda:0")
```

Out

```
tensor([ 1,  2,  3], device='cuda:0')
```

A2.1.5　データのやり取り

第4章などで、Web上のデータを取得する必要がある場合は、wgetなどのコマンドを使用します。例えば4.4節で使用する顔のデータの取得と展開はリストA2.3のように行います。

リストA2.3 顔のデータの取得（wget）と展開（mv）

In

```
!wget http://vis-www.cs.umass.edu/lfw/lfw-deepfunneled.tgz
!tar xf lfw-deepfunneled.tgz
!mkdir lfw-deepfunneled/train
!mkdir lfw-deepfunneled/test
!mv lfw-deepfunneled/[A-W]* lfw-deepfunneled/train
!mv lfw-deepfunneled/[X-Z]* lfw-deepfunneled/test
```

Out

```
--2018-07-03 07:58:07--  http://vis-www.cs.umass.edu/➡
lfw/lfw-deepfunneled.tgz
Resolving vis-www.cs.umass.edu (vis-www.cs.umass.edu)➡
... 128.119.244.95
Connecting to vis-www.cs.umass.edu (vis-www.cs.umass.➡
edu)|128.119.244.95|:80... connected.
HTTP request sent, awaiting response... 200 OK
Length: 108761145 (104M) [application/x-gzip]
Saving to: 'lfw-deepfunneled.tgz'

lfw-deepfunneled.tg 100%[===================>] ➡
103.72M  26.9MB/s    in 5.1s

2018-07-03 07:58:12 (20.5 MB/s) - 'lfw-deepfunneled.tgz' ➡
saved [108761145/108761145]
```

また、はじめからインストールされているgoogle.colab.filesモジュールを利用すると、ファイルのアップロード（ここでresult.txtというファイルをアップロードする）（リストA2.4）やダウンロード（アップロードしたresult.txtをダウンロード）などが可能です（リストA2.5）。

リストA2.4 ファイルのアップロード

In

```
from google.colab import files

# ダイアログが表示され、ローカルのファイルを選択してアップロード
uploaded = files.upload()
```

Out

```
… [ファイル選択] 選択されていません [Cancel upload]
```

リストA2.5 ファイルのダウンロード

```
# result.txtをダウンロード
files.download("result.txt")
```

COLUMN

FUSEの利用

少し手間はかかりますが、Google DriveをFUSEというLinuxの仮想ファイルシステムドライバ経由でマウントして、直接書き込むこともできます。詳しくは図A2.18のJupyter Notebookを参照してください。

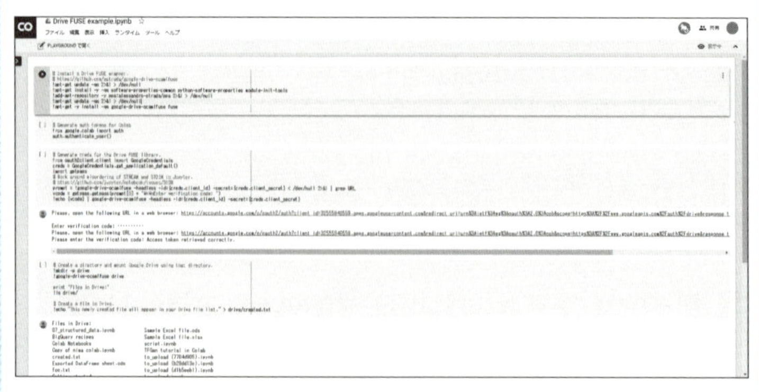

図A2.18 Drive FUSE example.ipynb

URL https://colab.research.google.com/drive/1srw_HFWQ2SMgmWIawucXfusGzrj1_U0q

英数字

A/B/C

D/E/F

P/Q/R

S/T/U

V/W/X/Y/Z

あ

か

さ

た

な

は

ま

や

ら

PROFILE 著者プロフィール

杜 世橋（と せいはし）

東京工業大学で計算機を用いた分子生物学の研究をし、卒業後はIT企業でソフトウェア開発やデータ分析に従事する。大学院時代に当時まだブレーク前だったPythonとNumPyに出会い、勉強会の立ち上げや執筆などを通じてPythonの布教活動を行う。近年ではスタートアップ企業を中心にデータ分析や機械学習の開発支援などをへて、2018年4月より物流ITのスタートアップで働く。機械学習、ビッグデータ分析、サーバー開発などに関心があるが、なによりも子煩悩で育児休業を取得してしまうパパエンジニア。

装丁・本文デザイン　大下 賢一郎
装丁写真　iStock.com/-M-I-S-H-A-
DTP　株式会社シンクス
編集協力　佐藤弘文
検証協力　村上俊一

現場で使える！ PyTorch（パイトーチ）開発入門
深層学習モデルの作成とアプリケーションへの実装

2018年 9月18日　初版第1刷発行
2021年10月 5日　初版第2刷発行

著　者　杜 世橋（と せいはし）
発行人　佐々木幹夫
発行所　株式会社翔泳社（https://www.shoeisha.co.jp）
印刷・製本　日経印刷株式会社

ISBN978-4-7981-5718-4
Printed in Japan